Frank Traxel

Literaturrecherche zur Bewertung von dieselmotorischen Phänomenen der Einspritzung, Gemischbildung und Verbrennung

Frank Traxel

Literaturrecherche zur Bewertung von dieselmotorischen Phänomenen der Einspritzung, Gemischbildung und Verbrennung

diplom.de

Bibliografische Information der Deutschen Nationalbibliothek:

Bibliografische Information der Deutschen Nationalbibliothek: Die Deutsche Bibliothek verzeichnet diese Publikation in der Deutschen Nationalbibliografie; detaillierte bibliografische Daten sind im Internet über http://dnb.d-nb.de/ abrufbar.

Dieses Werk sowie alle darin enthaltenen einzelnen Beiträge und Abbildungen sind urheberrechtlich geschützt. Jede Verwertung, die nicht ausdrücklich vom Urheberrechtsschutz zugelassen ist, bedarf der vorherigen Zustimmung des Verlages. Das gilt insbesondere für Vervielfältigungen, Bearbeitungen, Übersetzungen, Mikroverfilmungen, Auswertungen durch Datenbanken und für die Einspeicherung und Verarbeitung in elektronische Systeme. Alle Rechte, auch die des auszugsweisen Nachdrucks, der fotomechanischen Wiedergabe (einschließlich Mikrokopie) sowie der Auswertung durch Datenbanken oder ähnliche Einrichtungen, vorbehalten.

Copyright © 2003 Diplomica Verlag GmbH
Druck und Bindung: Books on Demand GmbH, Norderstedt Germany
ISBN: 978-3-8386-7197-0

http://www.diplom.de/e-book/222501/literaturrecherche-zur-bewertung-von-dieselmotorischen-phaenomenen-der

Frank Traxel

Literaturrecherche zur Bewertung von dieselmotorischen Phänomenen der Einspritzung, Gemischbildung und Verbrennung

Studienarbeit
Universität Hannover
Fachbereich Maschinenbau
Abgabe Juli 2003

Diplom.de

Diplomica GmbH
Hermannstal 119k
22119 Hamburg

Fon: 040 / 655 99 20
Fax: 040 / 655 99 222

agentur@diplom.de
www.diplom.de

ID 7197
Traxel, Frank: Literaturrecherche zur Bewertung von dieselmotorischen Phänomenen der Einspritzung, Gemischbildung und Verbrennung
Hamburg: Diplomica GmbH, 2003
Zugl.: Universität Hannover, Universität, Studienarbeit, 2003

Dieses Werk ist urheberrechtlich geschützt. Die dadurch begründeten Rechte, insbesondere die der Übersetzung, des Nachdrucks, des Vortrags, der Entnahme von Abbildungen und Tabellen, der Funksendung, der Mikroverfilmung oder der Vervielfältigung auf anderen Wegen und der Speicherung in Datenverarbeitungsanlagen, bleiben, auch bei nur auszugsweiser Verwertung, vorbehalten. Eine Vervielfältigung dieses Werkes oder von Teilen dieses Werkes ist auch im Einzelfall nur in den Grenzen der gesetzlichen Bestimmungen des Urheberrechtsgesetzes der Bundesrepublik Deutschland in der jeweils geltenden Fassung zulässig. Sie ist grundsätzlich vergütungspflichtig. Zuwiderhandlungen unterliegen den Strafbestimmungen des Urheberrechtes.

Die Wiedergabe von Gebrauchsnamen, Handelsnamen, Warenbezeichnungen usw. in diesem Werk berechtigt auch ohne besondere Kennzeichnung nicht zu der Annahme, dass solche Namen im Sinne der Warenzeichen- und Markenschutz-Gesetzgebung als frei zu betrachten wären und daher von jedermann benutzt werden dürften.

Die Informationen in diesem Werk wurden mit Sorgfalt erarbeitet. Dennoch können Fehler nicht vollständig ausgeschlossen werden, und die Diplomarbeiten Agentur, die Autoren oder Übersetzer übernehmen keine juristische Verantwortung oder irgendeine Haftung für evtl. verbliebene fehlerhafte Angaben und deren Folgen.

Diplomica GmbH
http://www.diplom.de, Hamburg 2003
Printed in Germany

Inhaltsverzeichnis

1. Einleitung   1

2. Kraftstoffeinbringung   3

    2.1 Dieseleinspritzsysteme   3
        2.1.1 Pumpe Düse (PD) und Pumpe Leitung Düse (PLD)   4
        2.1.2 Common Rail (CR)   5
        2.1.3 Funktionsweise des Common Rail Injektors   7
        2.1.4 Systemcharakteristika der Einspritzsysteme   8

    2.2 Düsengeometrie   9
        2.2.1 Unterschiede Sitzloch-Sacklochdüse   9
        2.2.2 Hydroerosive Verrundung   11

    2.3 Kavitation   11
        2.3.1 Allgemeine Kavitationsentstehung   11
        2.3.2 Kavitationsentstehung im Nadelsitzbereich   13
        2.3.3 Kavitationsentstehung am Spritzlocheinlauf   14
        2.3.4 Definition der Kavitationszahl   15
        2.3.5 Geometrieeinflüsse auf die Kavitation   15
        2.3.6 Kavitationsformen   17

3. Gemischbildung   19

    3.1 Strahlaufbruch   19
        3.1.1 Primärer und sekundärer Strahlzerfall   19
        3.1.2 Zerfallsbereiche   19
        3.1.3 Einfluss der Kavitation auf den Strahlaufbruch   22
        3.1.4 Einfluss der Spritzlochkantenwinkel   25

    3.2 Tropfengrößenverteilung und Tropfengeschwindigkeit   25
        3.2.1 Einfluss des Kompressionsdrucks   27
        3.2.2 Einfluss des Raildrucks   29

    3.3 Strahlkegelwinkel und Eindringtiefe   31
        3.3.1 Einfluss des Raildrucks auf den Strahlkegelwinkel   31
        3.3.2 Einfluss des Raildrucks auf die Eindringtiefe   33
        3.3.3 Einfluss des Kompressionsdrucks   34
        3.3.4 Einfluss der Kompressionstemperatur   34

    3.4 Lokales Luft/Kraftstoffverhältnis   34

4. Dieselmotorische Zündung, Verbrennung und Schadstoffentstehung   37

    4.1 Zündung, Zündverzug   37
        4.1.1 Zündverzug   37
        4.1.2 Zündorte   39

4.2 Verbrennungsablauf	40
4.2.1 Premixed Verbrennung	40
4.2.2 Hauptverbrennung	41
4.2.3 Nachverbrennung	41
4.3 Schadstoffbildung	42
4.3.1 Stickoxide	42
4.3.2 Partikelbildung	42
5. Innermotorische Schadstoffsenkung durch Mehrfacheinspritzung und Einspritzverlaufsformung	45
5.1 Potential der Voreinspritzung	45
5.2 Potential der geteilten Haupteinspritzung	47
5.3 Potential der Nacheinspritzung	62
5.4 Potential der Einspritzverlaufsformung	64
6. Zusammenfassung	76
Literaturverzeichnis	79

Verwendete Formelzeichen

D:	Bezugslänge	[m]
$D_{außen}$:	Außendurchmesser Spritzloch	[mm]
D_{innen}:	Innendurchmesser Spritzloch	[mm]
K:	Kavitationszahl; Konizitätsfaktor	[-]
OH:	Ohnesorge-Zahl	[-]
p_D	Dampfdruck	[MPa]
p_e:	Einspritzdruck	[MPa]
p_K:	Kammerdruck	[MPa]
Re:	Reynolds-Zahl	[-]
t_i:	Einspritzzeit	[s]
T_L:	Lufttemperatur	[K]
We:	Weber-Zahl	[-]
γ_{Ok}:	Spritzlochwinkel Oberkante	[°]
γ_{Uk}:	Spritzlochwinkel Unterkante	[°]
η:	dynamische Zähigkeit	[Ns/m^2]
ρ:	Dichte	[kg/m^3]
σ:	Oberflächenspannung	[N/m]

1. Einleitung

"Es wird Wagen geben, die von keinem Tier gezogen mit unglaublicher Gewalt daherfahren." Leonardo da Vinci, 1452 - 1519

Neben seiner vorherrschenden Stellung im Nutzfahrzeug- und Off-Highway-Bereich nimmt die Bedeutung des Dieselmotors als Pkw Antrieb stetig zu. Wurde er noch vor 20 Jahren eher als Arbeitsaggregat mit geringer Leistung aber dafür hoher Rußemission angesehen, stößt er heutzutage kontinuierlich in Bereiche vor, die bisher nur dem Otto-Motor vorbehalten waren, wie z. B. den Rennsport.
Sein Vormarsch im Pkw-Sektor liegt vor allem in seiner Wirtschaftlichkeit begründet.
Die Defizite in den Fahrleistungen konnte der Dieselmotor in den letzten Jahren durch die Entwicklung der thermodynamisch günstigeren Direkteinspritztechnologie weitgehend wett machen und seinen Verbrauchsvorteil ebenfalls noch weiter ausbauen. Nachdem die Forschung und Entwicklung lange Zeit eine Steigerung der Fahrdynamik bei gleichzeitiger Senkung des Verbrauchs als Ziel verfolgte, zwang die Abgasgesetzgebung zu einem Umdenken. Primäres Ziel der heutigen Forschung und Entwicklung ist die Verbesserung der Abgasemissionen, um die zukünftigen strengen Abgasrichtlinien einzuhalten (Abb. 1.1).

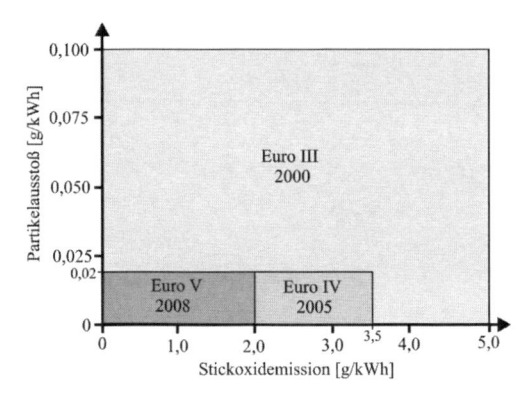

Abb. 1.1: Entwicklung der Abgasgrenzwerte für Stickoxide und Ruß nach EU-Richtlinie für Nutzfahrzeuge

Beim Dieselmotor sind hauptsächlich die Reduzierung von Partikelausstoß und Stickoxidemission zwingend notwendig. Das im Abgas auftretende NO ist ein starkes Blutgift, NO_2 bildet unter Sonnenlichteinwirkung bodennahes Ozon. Ruß steht im Verdacht, krebsverursachend zu sein. Vor allem Feinstpartikel wurden bei der Untersuchung der Auswirkungen auf den menschlichen Organismus als kanzerogen eingestuft. Es ist auch noch heute ein Diskussionsthema unter Wissenschaftlern, inwieweit die Verminderung des Dieselrußausstoßes der letzten Jahre auch eine Senkung der Gesundheitsgefährdung bewirkt hat, da hauptsächlich die Emission großer Partikel abnahm. Hingegen steht gerade der Feinstaub in Verdacht, Lungenkrebs hervorzurufen,

da er in der Lage ist, über die Atemwege bis in die Lungenbläschen vorzudringen und dort seine Schadwirkung zu entfalten [72].
Die Reduzierung des Schadstoffausstoßes kann auf zweierlei Arten erfolgen: entweder außermotorisch, z. B. durch Partikelfilter und Stickoxidkatalysatoren, oder innermotorisch durch entsprechende Optimierung der Motorparameter. Aufgrund des zusätzlichen Aufwands der außermotorischen Maßnahmen, die auch mit erheblichen Kosten verbunden sind, versucht man auf innermotorischem Weg den Schadstoffausstoß auf einen aktzeptablen Wert zu senken. Um dieses Ziel zu erreichen, ist es notwendig, aufbauend auf dem heutigen Stand der Forschung, nach neuen, innermotorischen Maßnahmen zu suchen, um mit möglichst wenig konstruktivem Aufwand ein möglichst schadstoffarmes und effektives Antriebsaggregat zur Verfügung zu stellen.

Bei direkteinspritzenden Dieselaggregaten erhofft man sich durch Optimierung des Einspritzvorgangs die zukünftigen strengen Abgasgrenzwerte einhalten zu können. Insbesondere auf dem Gebiet der Einspritzverlaufsformung wird großes Potential zur Schadstoffsenkung vermutet. Um hier die bestmöglichen Ergebnisse zu erzielen ist eine genaue Kenntnis der innermotorischen Vorgänge von Nöten. Insbesondere die Einflüsse auf den Strahlaufbruch und die Vorgänge während und nach der Verbrennung sind außerordentlich wichtig zum Verständnis der Wirkmechanismen die zur Schadstoffentstehung führen. Über diese Themen wurden einige Forschungsberichte veröffentlicht, deren Kernaussagen und auch Widersprüche in dieser Studienarbeit, die am Institut für Technische Verbrennung der Universität Hannover entstanden ist, dargestellt werden sollen.

2. Kraftstoffeinbringung

2.1 Dieseleinspritzsysteme

Die kontrollierte Einbringung von Kraftstoff in die komprimierte Luft im Verbrennungsraum eines Dieselmotors ist eine Kernaufgabe der dieselmotorischen Entwicklung. Man kann zwischen zwei grundlegenden Prinzipien der Kraftstoffeinbringung in der Dieseltechnologie unterscheiden,

- der **indirekten** und

- der **direkten** Einspritzung.

Beim indirekten Vorkammerverfahren wird der einzubringende Kraftstoff in eine Vorkammer eingespritzt, in der aufgrund des kleinen Raumes von ca. 25-30 % des Kompressionsvolumens ein hochturbulentes Strömungsfeld herrscht. Nach einer relativ kurzen Zündverzugszeit entzündet sich das Gemisch an den heißen Vorkammerwänden und wird dadurch rasch in die Brennkammer ausgeblasen. Kammerverfahren haben aufgrund der kurzen Zündverzugszeit ein relativ niedriges Verbrennungsgeräusch und es sind nur geringe Kraftstoffdrücke um 350 bar notwendig, da die Kraftstoffzerstäubung durch Ausblasen aus der Vorkammer nach Zündbeginn erfolgt [4].
Bei direkten Einspritzverfahren wird der Kraftstoff direkt in den Zylinder eingespritzt. Die Einspritzdrücke müssen für diese Art der Kraftstoffeinbringung wesentlich höher sein (bis 2000 bar). Die Zerstäubung findet nur durch den Einspritzdruck und den damit verbundenen Impuls statt. Hierbei gilt die Grundregel, dass bei gleichem System die Kraftstoffzerstäubung sich mit zunehmendem Einspritzdruck verbessert. Die Direkteinspritzverfahren weisen einen deutlich niedrigeren Kraftstoffverbrauch (um 10%) auf, da keine Druckverluste durch Überströmvorgänge wie bei indirekten Verfahren entstehen. Aus diesem Grund sind direkte Einspritzverfahren heutzutage Stand der Technik [4].
Die Einspritzanlage muss zur besseren Zerstäubung und zum besseren Ausfüllen des Zylindervolumens zu einem definierten Zeitpunkt eine definierte Menge Kraftstoff unter hohem Druck in den Zylinder einspritzen. Je genauer die Einspritzmenge bemessen werden kann und je präziser die Festlegung des Einspritzzeitpunktes möglich ist, desto näher kann der Motor an der Rußgrenze und damit an einer optimalen Leistungsausbeute betrieben werden. Beim Dieselmotor darf ein Luftverhältnis von $\lambda \approx 1{,}2$ nicht unterschritten werden, da sonst die Rußentstehung aufgrund örtlichen Luftmangels stark zunimmt. Diese Grenze bezeichnet man als Rußgrenze, sie verhindert eine Leistungssteigerung durch Annäherung an das stöchiometrische Luft-Kraftstoffgemisch. Außerdem ist es wichtig, dass signifikante Kenngrößen wie Spritzbeginn und Verlauf der zeitlichen Einbringung der Kraftstoffmasse bei jedem Arbeitsspiel reproduzierbar dargestellt werden. Durch Mehrfacheinspritzung und der Fähigkeit, auch kleinste Teilmengen einspritzen zu können, werden weitere Anforderungen an die Einspritzsysteme gestellt. Die heutzutage eingesetzten unterschiedlichen direkten Einspritzsysteme sind das Pumpe Düse (bzw. Pumpe Leitung Düse) System und das Common Rail System.

2.1.1 Pumpe Düse (PD) und Pumpe Leitung Düse (PLD)

Beim Pumpe-Düse System wird der Einspritzdruck, der bis zu 2000 bar betragen kann, in einer mechanischen Einheit, bestehend aus Hochdruckpumpe und Einspritzventil, direkt über eine Nockenwelle am Zylinderkopf erzeugt. Es handelt sich somit um ein System mit einspritzsynchronem Druckaufbau.

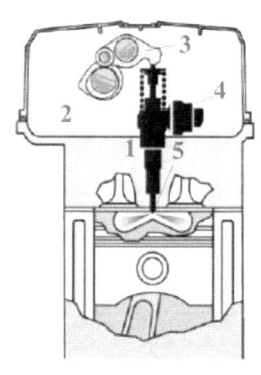

1: Druckerzeugungseinheit (Pumpe)
2: Nocke
3: Kipphebel
4: Magnetsteuerventil
5: Einspritzdüse

Abb. (2.1.1): Funktionsweise des Pumpe Düse Einspritzsystems [56]

Über die Nocke (2) und Kipphebel (3) wird je nach Kurbelwellenstellung ein Druck in der Druckerzeugungseinheit (1) aufgebaut. Das Magnetventil (4) steuert den Einspritzvorgang bzw. den Beginn des Druckaufbaus im Injektor durch Schließen eines Kraftstoffrücklaufs. Als Folge baut sich in der Einspritzdüse ein Druck auf, der nach Überschreiten des Öffnungsdrucks die Düsennadel entgegen der Verschlussfeder nach oben drückt und dadurch die Einspritzbohrungen freigibt.
Aufgrund der Zusammenlegung von Druckerzeugung und Einspritzventil wird ein relativ großer Platzbedarf am Zylinderkopf benötigt. Durch die Verlagerung der Pumpeneinheit an eine untenliegende Nockenwelle kann das Pumpe Leitung Düse (PLD) System realisiert werden, das in seiner Funktionsweise dem oben besprochenen Pumpe Düse System entspricht, allerdings durch seinen modularen Aufbau wesentlich wartungsfreundlicher ist und die Adaption an bestehende Motoren leichter ausgeführt werden kann. Pumpe Düse Systeme finden begünstigt durch die Motorkonzepte mit obenliegenden Nockenwellen überwiegend bei Pkw-Motoren Anwendung, während Pumpe Leitung Düse Systeme bei größeren Motoren, wie z.B. NKW- und Off-Highway-Applikationen (Schiffe, Generatoranwendungen, usw.) eingesetzt werden. Insbesondere Motoren in V-Bauform sind aufgrund einer untenliegenden zentralen Nockenwelle prädestiniert für PLD Applikationen.

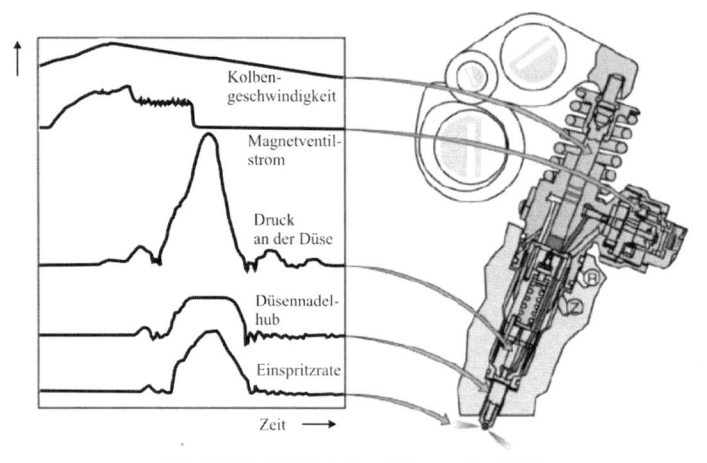

Abb. (2.1.2): PD Einheit und Messgrößen [56]

Spritzbeginn und -dauer können über die Bestromung des Hochdruckmagnetventils geregelt werden, dessen Öffnungs- und Verschlusszeiten durch das Motorsteuergerät bestimmt sind. Durch einen Ausweichkolben kann eine Voreinspritzung realisiert werden. Durch die anlagenbedingte Abhängigkeit des PD bzw. PLD Systems von der Kurbelwellenstellung ist eine sehr exakte und steife Konstruktion der Pumpennockenwelle und der Nocken notwendig. Dies erfordert einen hohen Fertigungsaufwand. Aufgrund des im Vergleich zum Common Rail System langsamen Druckanstiegs und der dreieckförmigen Einspritzrate während des Einspritzvorgangs ist das Verbrennungsgeräusch niedrig und die Stickoxidemission relativ günstig, da die Gemischbildung der Vormischverbrennung schlechter ist und damit der Druckanstiegsgradient als auch die Temperatur niedriger sind. Ein hoher Druckanstiegsgradient ist für das dieseltypische „Nageln" verantwortlich und eine hohe Temperatur begünstigt die Stickoxidentstehung. Gerade im Bereich der Kleinstmengenzuführung weisen das PD und das PLD System aufgrund der schlechten Zerstäubung durch das niedrige Druckgefälle bei Öffnungsbeginn Mängel auf [2].

2.1.2 Common Rail (CR)

Um den Forderungen nach freier Formbarkeit des Einspritzverlaufs gerecht zu werden, wurde das Common Rail System entwickelt. Der entscheidende Unterschied zu anderen direkteinspritzenden Systemen besteht in der kompletten Trennung von Druckerzeugung und Einspritzung.

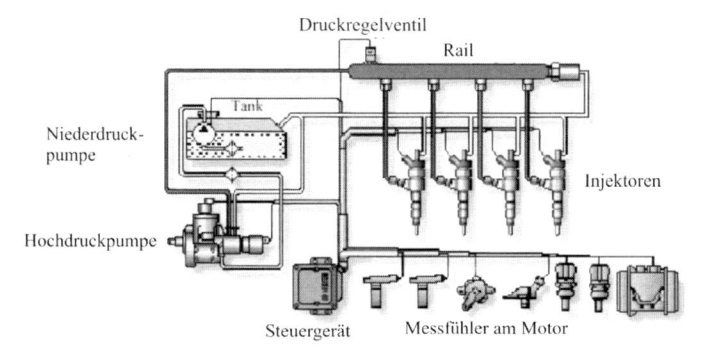

Abb. (2.1.3): Funktionsweise des Common Rail Einspritzsystems [56]

Über eine Niederdruckleitung wird mit einer Niederdruckpumpe die Hochdruckpumpe mit Kraftstoff versorgt. In der Hochdruckpumpe, die in der Regel als Radialkolbenpumpe ausgeführt ist, wird der Kraftstoff unter hohem Druck (bis 1650 bar) einer Speicherkammer, dem Rail, zugeführt. Das Rail dient neben seiner Funktion als Speichereinheit auch zur Dämpfung von Druckschwingungen und zur Verminderung des Druckabfalls beim Öffnen der Injektoren. Die Injektoren sind über kurze Hochdruckleitungen mit dem Rail verbunden. Beim Einspritzvorgang werden die Injektoren geöffnet und beginnen damit, eine definierte Menge Kraftstoff zu einem bestimmten Zeitpunkt, dem Spritzbeginn, in den Brennraum einzuspritzen. Der Einspritzzeitpunkt sowie das Öffnungsverhalten der Injektoren wird durch das Motorsteuergerät geregelt. Es wird über Sensoren kontinuierlich mit Motordaten beliefert, wie z. B. der Motordrehzahl oder Motortemperatur. Hiermit können ein der momentanen Motorlast angepasster Einspritzbeginn und Einspritzmenge realisiert werden.

Der entscheidende Unterschied des Common Rail Einspritzsystems gegenüber Systemen mit intermittierendem Druckaufbau, besteht in der vollständigen Trennung von Druckerzeugung und Motordrehzahl bzw. Kurbelwellenstellung. Das über das Steuergerät kontrollierte Druckregelventil bestimmt den benötigten Einspritzdruck, der je nach Umgebungsbedingung aus einem Kennfeld abgerufen wird. Große Einflüsse auf die Gemischbildung im Brennraum haben die Injektoren, da ihre Leistungsfähigkeit und Flexibilität entscheidend für eine optimale Kraftstoffeinbringung bei jedweder Motorlast und Drehzahl sind.

2.1.3 Funktionsweise des Common Rail Injektors

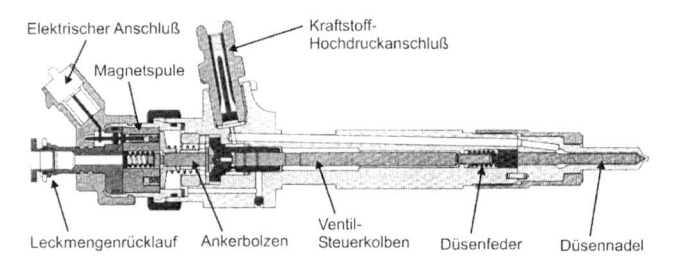

Abb. (2.1.4): Schnittbild eines Common Rail Solenoid Injektors

Die Düsennadel wird durch den anliegenden Kraftstoffdruck geschlossen gehalten, da an der Stirnfläche des Kolbens durch seine größere Oberfläche eine wesentlich höhere Verschlusskraft wirkt als an der Düsennadel eine Öffnungskraft. Erfolgt nun eine Bestromung der Magnetspule, so wird der Ankerbolzen angezogen und gibt dadurch ein Ausgleichsvolumen frei. Durch den Druckabfall an der Oberseite des Ventilsteuerkolbens im Steuerraum kann der Druck an der Düsennadel diese nach oben bewegen und die Düsennadel öffnet die Einspritzöffnungen für den Kraftstoff. Bei Spannungsunterbrechung an der Magnetspule wird der Ventilsteuerkolben durch Federkraft wieder in seine Verschlussposition gedrückt.

Mit diesem System lassen sich nahezu beliebige Mehrfachinjektionen wie z. B. Vor- und Nacheinspritzung als auch eine geteilte Haupteinspritzung realisieren. Ferner können verschiedene Einspritzverlaufsformen dargestellt werden, mit deren Hilfe sich die Schadstoffemissionen schon innermotorisch drastisch reduzieren lassen.

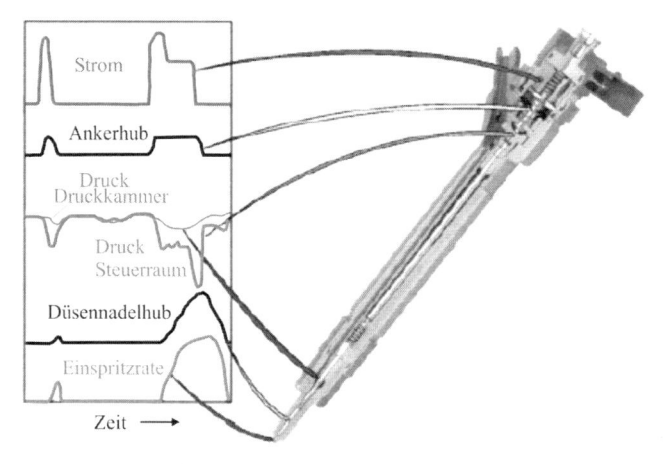

Abb. (2.1.5): Common Rail Injektor [56]

Abb. (2.1.5) zeigt die Zusammenhänge zwischen Bestromung der Magnetspule, dem Ankerhub, Druck in der Druckkammer und im Steuerraum sowie dem Düsennadelhub, der letztendlich für die Einspritzrate und den Verlauf verantwortlich ist. Mit dieser Art von Injektor lassen sich Voreinspritzmengen von 1 mm^3 erreichen.

Neuerdings werden Piezoeinspritzventile entwickelt, bei denen die Öffnung des Ausgleichsvolumens nicht mittels einer Magnetspule erfolgt, sondern mit einem sog. Piezoaktuator, einem Stapel von Piezoplättchen. Dies hat den Vorteil, dass der Öffnungsvorgang wesentlich schneller vonstatten geht und dadurch die kleinstmögliche Einspritzmenge sinkt, was vor allem bei der Darstellung von geteilten Einspritzvorgängen wichtig ist (siehe Kapitel 5).

2.1.4 Systemcharakteristika der Einspritzsysteme

Bei Untersuchungen gleicher Motoren mit PLD (bzw. PD) und CR System wurde festgestellt, dass der CR Motor einen wesentlich höheren Stickoxidausstoß besitzt als derselbe Motor, der mit einer PLD (od. PD) Einspritzanlage ausgerüstet ist [10]. Der CR Motor besitzt aufgrund des kurbelwellenstellungsunabhängigen, dauerhaft anliegenden, hohen Drucks einen wesentlich höheren Kraftstoffeintrag bei Einspritzbeginn [30], [10]. Infolge dieser hohen Energieumsetzung sind die Temperaturen im Brennraum signifikant höher als bei Motoren mit nockengesteuerten Einspritzanlagen. Dies führt aufgrund des Zeldovich-Mechanismus (Kapitel 4.3) zur vermehrten Bildung von Stickoxiden [4]. Die Teilöffnung der Nadel bei Einspritzbeginn führt zu einer starken Drosselung mit einhergehender Turbulenzvergrößerung, die durch die auftretende Kavitationsbildung noch unterstützt wird (Kapitel 2.3). Diese Turbulenz führt zu einem verstärkten Aufbrechen des Sprays und einer, was die Stickoxidemissionen anbelangt, ungünstigeren Gemischbildung [43], [29], [8].

Der Anteil an zündfähigem Gemisch bei Brennbeginn ist bei der CR Einspritzanlage wesentlich höher, was ein schlagartiges Durchbrennen mit sehr hohen Temperaturspitzen zur Folge hat und neben der oben erwähnten Begünstigung der Stickoxidbildung auch für das laute, dieseltypische Geräusch verantwortlich ist (der sogenannten Premixed- bzw. Vormischverbrennung, Kapitel 4.2) [44].

Der große Vorteil des Common Rail Systems aber besteht in der großen Anzahl an Freiheitsgraden, die zur Gestaltung des Einspritzverlaufs zur Verfügung stehen. In naher Zukunft werden unterschiedliche Einspritzverläufe und sogar Druckverläufe darstellbar sein, die ein großes Potential bezüglich der innermotorischen Schadstoffreduktion und Leistungsausbeute erwarten lassen [34], [10].

2.2 Düsengeometrie

Es kommen insbesondere bei CR Systemen in der Pkw Anwendung unterschiedliche Arten von Mehrlochdüsen zum Einsatz. Es gibt Düsen mit unterschiedlicher Anzahl von über dem Umfang verteilten Einspritzlöchern (meistens 5-12), deren Lochanzahl sich auf die Gemischbildung auswirkt [27], [23]. Wird bei konstantem hydraulischen Durchfluss die Anzahl der Düsenlöcher erhöht, aber dafür der Lochdurchmesser verkleinert, so ergibt sich eine Verringerung der mittleren Tröpfchengröße [27], [23]. Durch die Verkleinerung des Tröpfchendurchmessers sinkt die Eindringtiefe, die Verdampfungsrate steigt und die Zündung setzt früher ein. Durch die verbesserte Gemischbildung aufgrund des kleineren Tröpfchendurchmessers steigt insbesondere die Stickoxidemission stark an. Durch eine gleichzeitige Druckerhöhung, mit der die gleiche Eindringtiefe wie bei einer Vergleichsdüse kleinerer Lochzahl erreicht wird, kann die Senkung des Partikelausstoßes aufgrund eines besseren Russabbrands erreicht werden. Allerdings erhöht sich aufgrund der gestiegenen Brennraumtemperatur die NO_x Entstehung (siehe Kapitel 4.3) [23].

2.2.1 Unterschiede Sitzloch – Sacklochdüse

Es sind zwei Düsenarten mit prinzipiell unterschiedlichem Nadelsitz im Einsatz, die Sitzloch- und die Sacklochdüse.

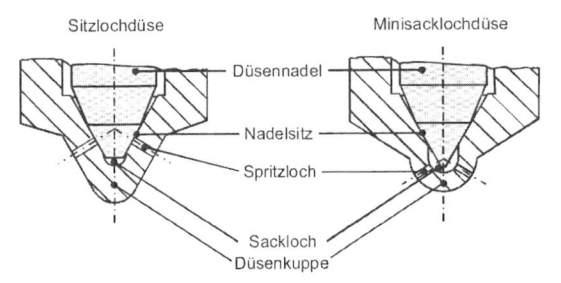

Abb. (2.2.1): Vergleich des Aufbaus Sitzloch und Sacklochdüse [8]

Bei der Sitzlochdüse verschließt die Düsennadel direkt die Spritzlöcher, bei der Sacklochdüse hingegen befinden sich die Spritzlöcher nicht direkt am Nadelsitz, sondern in einem Sackloch unterhalb.

Unterschiede zwischen Sitz- und Sacklochdüse zeigen sich sehr deutlich in der Strahlsymmetrie [19], [14].

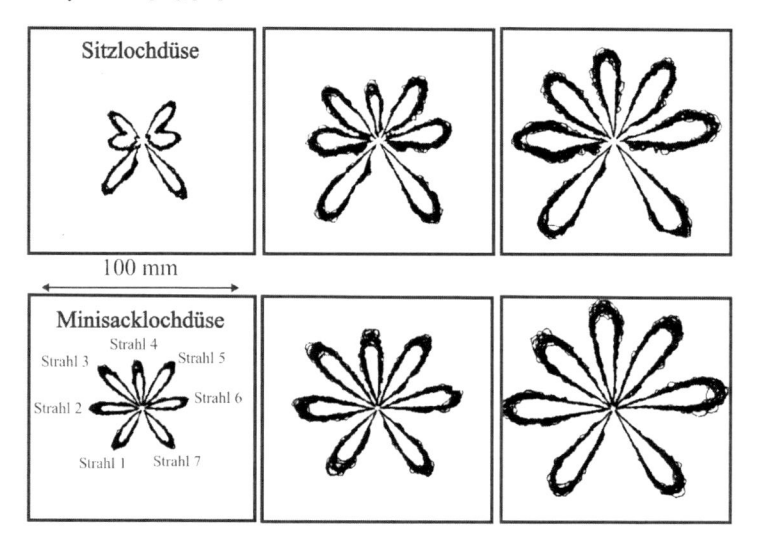

Abb. (2.2.2): Unterschiede der Strahlausbreitungssymmetrie von Sitz- und Sacklochdüse bei einem Raildruck von 1300 bar zu den Zeitpunkten 200, 400 und 600 µs nach Spritzbeginn [19]

Die Aufnahmen zeigen aufeinander gelegte Konturen des flüssigen Sprays von jeweils 24 verschiedenen Einspritzungen zu verschiedenen Zeitpunkten nach Spritzbeginn.
Die Konturen wurden mit dem Streulichtverfahren ermittelt. Zu erkennen ist ein deutlicher Unterschied der Gleichmäßigkeit der Einspritzkeulen der Sitzlochdüse im Vergleich zur Sacklochdüse. Diese schlechtere Strahlsymmetrie rührt im Wesentlichen von Nadeldeachsierungen beim Öffnungsvorgang her, die sich gemäß [19] auch durch eine doppelte Nadelführung bei Sitzlochdüsen nicht gänzlich vermeiden lassen. Die Sacklochdüse hingegen weist ein gleichmäßiges und reproduzierbares Spritzbild auf. Nachteil der Sacklochdüse im Vergleich zur Sitzlochdüse ist der höhere Ausstoß an unverbrannten Kohlenwasserstoffen aufgrund von sog. Nachspritzern, d.h. dem Ausdampfen des im Sackloch befindlichen Kraftstoffrests nach vollständigem Schließen der Düsennadel. Diesen Nachteil versucht man durch Reduktion des Sacklochvolumens zu relativieren, was zur Entwicklung von sogenannten Mini- und Mikrosacklochdüsen führte [19], [14].

2.2.2 Hydroerosive Verrundung

Bedeutenden Einfluss auf das Verhalten der Einspritzstrahlen haben die Spritzlöcher beider Düsenarten. Um verschleißbedingte Änderungen des Durchflusses zu vermindern, werden die Düsen hydroerosiv (HE) bearbeitet. Hierbei wird eine mit abrasiven Partikeln durchsetzte Flüssigkeit durch die Düse gefördert, um die Kanten zu verrunden und einen definierten Durchflusswert einzustellen und das Einlaufverhalten in die Spritzlöcher zu optimieren. Eine Düse mit der Bezeichnung HE 10 % weist einen um 10 % erhöhten Durchflusswert gegenüber der unverrundeten Originaldüse auf. Dieses Verfahren hat auch einen sehr starken Einfluss auf die im nächsten Abschnitt beschriebene Kavitation [8].

2.3 Kavitation

Beim Einspritzvorgang öffnet sich die Düsennadel und gibt einen immer größer werdenden Ringspalt im Nadelsitzbereich frei. Dadurch strömt Kraftstoff in das Spritzloch ein und füllt es aus. Bereits wenige Mikrosekunden später dringt der Kraftstoff in die Brennkammer und zerfällt unter Wechselwirkung mit der komprimierten Luft durch Impulsaustausch in Tröpfchen.
Bei CR Einspritzsystemen wurde festgestellt, dass der Kraftstoff wesentlich besser zerstäubt und damit die Gemischbildung in der Zündverzugsphase und bei Verbrennungsbeginn bedeutend besser ist als bei nockengesteuerten Anlagen wie z. B. Pumpe Düse [10]. Untersuchungen ergaben, dass dies auf das Auftreten von Kavitation aufgrund des beim Nadelöffnungsvorgang anliegenden hohen Drucks zurückgeführt werden kann. Die Entstehungsmechanismen und die Auswirkungen der Kavitation auf den Strahlzerfall sind neuerdings Gegenstand zahlreicher Untersuchungen, da man sich von einem besseren Verständnis der Vorgänge eine Optimierung bezüglich des Einspritzvorgangs erhofft.

2.3.1 Allgemeine Kavitationsentstehung

Unter Kavitation versteht man die Ausbildung und Vergrößerung von Gas- oder Dampfblasen in Flüssigkeiten. Diese entstehen durch Druckabsenkung bei konstanter Temperatur sobald ein kritischer Schwellenwert unterschritten wird. Dies hat zur Folge, dass, ausgehend von Keimen, schlagartig Flüssigkeit verdampft (Zustandsänderung im 3-Phasenschaubild von A nach B).

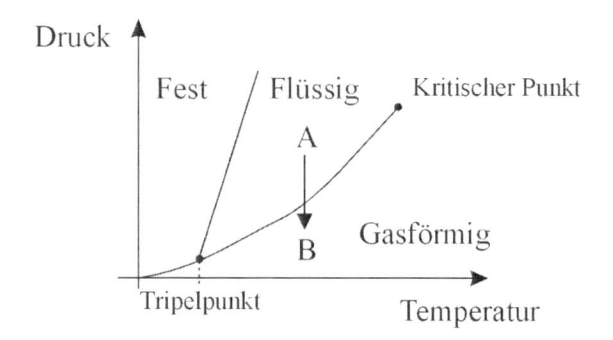

```
Druck ▲
Fest  / Flüssig   • Kritischer Punkt
           A
           ▼
            B      Gasförmig
─────────•────────────────────────▶
Tripelpunkt         Temperatur
```

Abb. (2.3.1): Dreiphasenschaubild mit Zustandsänderung bei Kavitationsauftritt

Diese Druckminderung kann nach [62] durch 4 verschiedene Effekte verursacht werden:

- **Hydrodynamische Kavitation**: Veränderung des Drucks durch Einfluss von Geometrieänderungen

- **Akustische Kavitation**: durch Schallwellen werden Druckschwingungen verursacht, die zu lokalen Druckminima führen

- **Optische Kavitation**: Verdampfen von Flüssigkeit durch hochenergetisches Licht

- **Teilchenkavitation**: hochenergetische Teilchen (Protonen) erzeugen Verdampfungsspuren in der Flüssigkeit wenn sie diese durchdringen

Für die Kavitationsbildung in Dieseleinspritzanlagen ist hauptsächlich die hydrodynamische Kavitation verantwortlich [8].

Nach [57] können 3 Arten von Kavitationskeimen auftreten, an denen die Kavitation initiiert wird:

- **luft- oder gasgefüllte Mikroblasen**

- **Verunreinigungen in der Flüssigkeit**

- **Gasbläschen, die sich in Unebenheiten der Wand befinden**

Bei Kavitationsvorgängen im dieselmotorischen Prozess sind Mikroblasen die am häufigsten auftretenden Kavitationskeime [8]. Sie sind der ungelöste Gasanteil einer Flüssigkeit.

2.3.2 Kavitationsentstehung im Nadelsitzbereich

In einer Einspritzdüse befinden sich zwei Drosselstellen, an denen sich aufgrund der Umgebungsbedingungen im Strömungsfeld Kavitationsblasen bilden können. Dies sind zum einen der Nadelsitz, der abhängig vom Nadelhub eine mehr oder weniger starke Drossel darstellt, als auch die Einlasskanten der Spritzlöcher, an denen die Strömung stark umgelenkt wird [63], [29], [8].

Beim Öffnungs- und Schließvorgang der Nadel, insbesondere bei Vor- und Nacheinspritzvorgängen, befindet sich die Hauptdrosselstelle im Nadelsitzbereich. Hierbei wird die Flüssigkeitsströmung zwischen Nadel und Nadelsitz sehr stark gedrosselt und es bilden sich Kavitationsblasen. Diese können nach [63] implodieren. Durch diese Implosionsvorgänge kann der Nadelsitz geschädigt werden (Abb. 2.3.3).

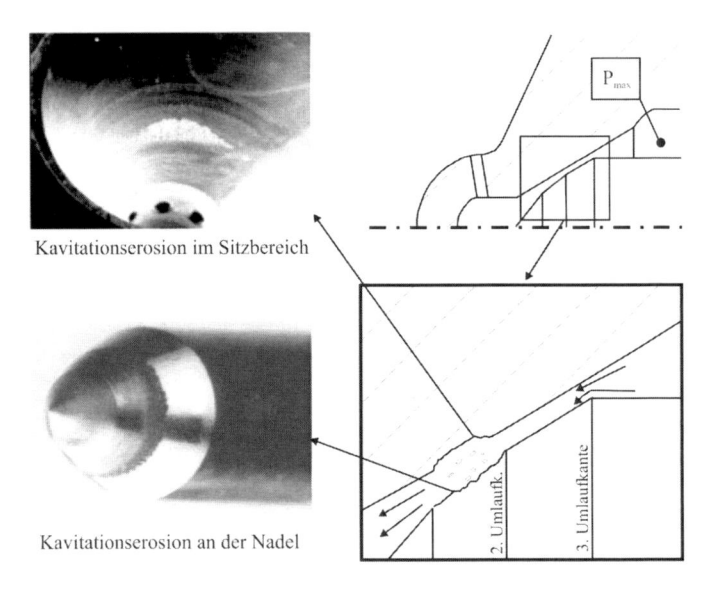

Abb. (2.3.2): Kavitationserosion an der Düsennadel und am Nadelsitz [63]

2080 µs (h=133 µm)   2140 µs (h=137 µm)   3600 µs (h=375 µm)

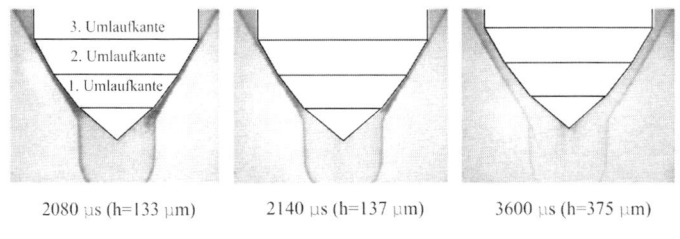

Zeit nach Ansteuerbeginn

Abb. (2.3.3): Aufnahmen der Kavitation im Nadelsitzbereich beim Öffnungsvorgang (dunkle Bereiche)[63]

In Abb. 2.3.2 ist zu erkennen, dass bei vollständig geöffneter Düse (nach 3600 µs) keine Kavitation (dunkle Bereiche) mehr auftritt, da aufgrund des größeren Ringspalts die Strömungsgeschwindigkeit und damit der Druck sinkt. Wegen der Schädigung des Nadelsitzbereiches ist es vorteilhaft, den Nadelsitzdrosselungsbereich möglichst schnell zu durchlaufen. Das Problem der Nadelsitzerosion tritt laut [63] hauptsächlich bei Common Rail Einspritzdüsen auf, da hier systembedingt schon beim Öffnungsvorgang ein sehr hoher Druck anliegt, der eine sehr starke Drosselung hervorruft. Aufgrund der geometrischen Berechnung des engsten Querschnittes des Nadelsitzes kann der wahrscheinlichste Bereich für das Auftreten von Kavitation bestimmt werden [63], [8].

2.3.3 Kavitationsentstehung am Spritzlocheinlauf

An der Einlaufkante des Einspritzlochs wird die Strömung stark umgelenkt und löst sich in Folge dessen unter Bildung von Kavitationsgebieten, in denen der lokale statische Druck unter den Dampfdruck fällt.

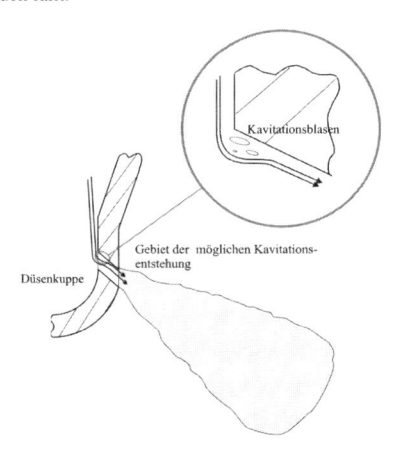

Abb. (2.3.4): Kavitationsentstehung am Spritzlocheinlauf [8]

In beiden Drosselstellen der Einspritzdüse, dem Nadelsitz und dem Spritzlocheinlauf, bilden sich Bereiche mit niedrigem Druck in der Flüssigkeit aus, in denen sich Kavitationsblasen bilden. Allerdings ist das Auftreten der Kavitation gerade im Bereich des Spritzlocheinlaufs nicht nur alleine auf das Auftreten von niedrigem statischem Druck aufgrund Strömungsumlenkung zurückzuführen. Weitere Einflussfaktoren sind neben der Geschwindigkeitsverteilung auch Turbulenzeffekte. Geschwindigkeitsänderungen des turbulenten Geschwindigkeitsfeldes führen örtlich zu niedrigem statischen Druck. Es bilden sich Kavitationsblasen, obwohl der mittlere statische Druck noch oberhalb des Dampfdrucks liegt.

2.3.4 Definition der Kavitationszahl

Um die Entstehung der Kavitation und deren Intensität abschätzen zu können, wurde von [51] eine Kavitationszahl speziell für Einspritzdüsen vorgeschlagen:

$$K = \frac{p_e - p_k}{p_k - p_d} \qquad Gl.\ 2.1$$

mit:
p_e: Einspritzdruck
p_k: Kammerdruck
p_d: Dampfdruck

Mit Hilfe der Kavitationszahl kann durch einen düsenabhängigen Grenzwert bestimmt werden, ob Kavitation zu erwarten ist oder nicht. Es existieren noch weitere Definitionen der Kavitationszahl, die zusätzliche Parameter wie Fluideigenschaften und Geschwindigkeitsfeld berücksichtigen. Da es keine einheitliche Festlegung der Kavitationszahl gibt, wird auf weitere Definitionen nicht eingegangen.

2.3.5 Geometrieeinflüsse auf die Kavitation

Die Geometrie der Einspritzdüse beeinflusst wesentlich die Bildung von Kavitation und als Folge davon auch den Strahlzerfall. Haupteinflussfaktoren sind die Konizität der Einspritzbohrungen sowie den Grad der hydroerosiven Verrundung.

Unter dem Konizitätsfaktor K versteht man das Verhältnis

$$K = \frac{D_{innen} - D_{außen}}{10} \qquad Gl.\ 2.2$$

D_{innen}: Innendurchmesser des Spritzlochs
$D_{außen}$: Außendurchmesser des Spritzlochs

Spritzlöcher mit negativem Konizitätsfaktor weisen demnach einen größeren Außen- als Innendurchmesser auf.

Durch Untersuchungen an Acrylglasdüsen konnte der starke Einfluss der Konizität auf das Kavitationsverhalten von [63], [29], [8] bestätigt werden.

Von [29] wurden drei verschiedene Konizitätsvarianten ausgewählt (K=-2,5, K= 0, K=2,5) und Aufnahmen über die Dauer eines kompletten Einspritzvorgangs angefertigt.

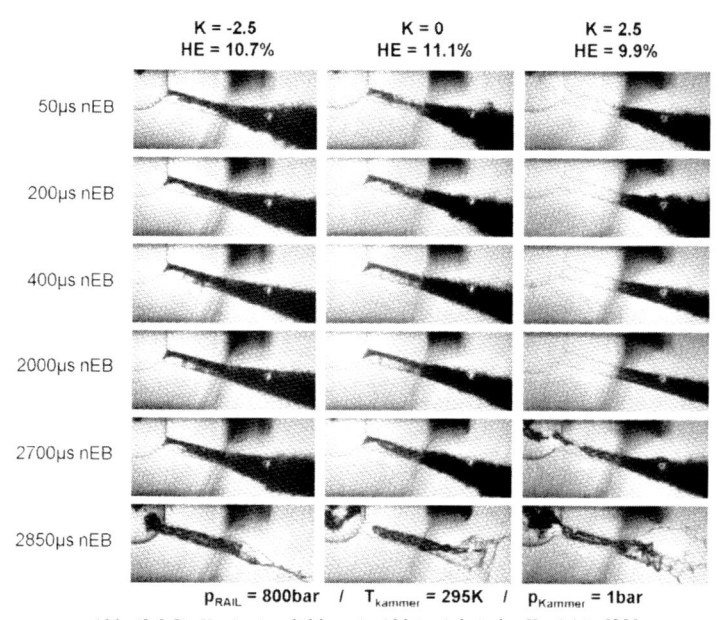

Abb. (2.3.5): Kavitationsbildung in Abhängigkeit der Konizität [29]

Es ist deutlich zu erkennen, dass die Düse mit dem niedrigsten Konizitätsfaktor (K = -2,5) die stärkste Kavitationsneigung zeigt (dunkle Bereiche im Spritzloch). Die Düse mit zylindrischem Spritzloch (K=0) weist ebenfalls starke Kavitation auf, während des Öffnungsvorganges (50 μs nach Einspritzbeginn) entsteht Kavitation im Zentrum der Einspritzbohrung. In der Düse mit Konizitätsfaktor 2,5 bildet sich über fast den gesamten Einspritzvorgang keine Kavitation. Diese Ergebnisse werden von [63] und [8] bestätigt.

Der hauptsächliche Einfluss der Einlaufkantenverrundung des Spritzlochs auf die Kavitationsbildung liegt in der Verlagerung des Entstehungsortes Richtung Spritzlochausgang. [8] und [63] stellten fest, dass die Kavitation, bei gleichen Düsen mit unterschiedlich stark verrundetem Einlauf, bei denjenigen mit größerem HE Wert später einsetzt. Dies ist auf die Notwendigkeit eines stärkeren Druckgefälles durch höheren Nadelhub zurückzuführen. Daraus folgt, dass die Kavitation in Düsen mit starker HE Verrundung und hohem Konizitätsfaktor weniger stark ausgeprägt ist und zu einem späteren Zeitpunkt des Nadelöffnungsvorganges einsetzt [63], [29], [8].

2.3.6 Kavitationsformen

[50] hat an einer 20-fach vergrößerten Sacklochdüse und unter Einsatz einer Ersatzflüssigkeit, welche die Dieseleigenschaften auch bei den veränderten Größenverhältnissen berücksichtigen soll, zwischen 2 sich beeinflussenden Formen der Kavitation unterscheiden können. An der Oberkante der Einspritzbohrung bilden sich kleine Bläschen einheitlicher Größe. Diese schließen sich mit steigender Kavitationszahl zu dichten Wolken zusammen, in denen keine Einzelblasen mehr erkannt werden können. Sie vereinigen sich und führen zu einem lokalen Dampffilm, der sich bei weiterer Erhöhung der Kavitationszahl (mit fortgeschrittener Nadelöffnung) an die Oberseite des Einspritzlochs anlegt und dort einen stabilen Kavitationsschlauch ausbildet. Dieser kann bis zur Hälfte des Spritzlochs ausfüllen.

[63], [29], [8] konnten diesen Zustand anhand von Acrylglasdüsen in Realgeometrie ebenfalls beobachten. [63] erklärt die Entstehung der Kavitation an der Oberseite der Einspritzdüsenbohrung mit dem spitzeren Winkel des Einspritzlochs an dieser Stelle, da hier die Strömungsumlenkung wesentlich größer ist als am stumpfen Winkel der Unterkante.

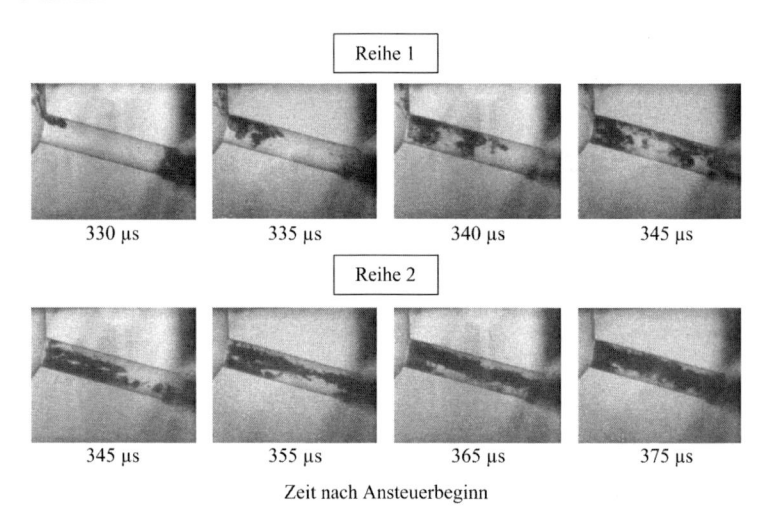

Reihe 1

| 330 μs | 335 μs | 340 μs | 345 μs |

Reihe 2

| 345 μs | 355 μs | 365 μs | 375 μs |

Zeit nach Ansteuerbeginn

Abb. (2.3.6): Kavitationsentstehung im Spritzloch [63]

Des Weiteren bilden sich zwischen 2 angrenzenden Löchern transiente Kavitationsfäden aus. Sie entstehen durch Wirbel im Volumen zwischen Nadel, Nadelsitz und den beiden aneinander grenzenden Bohrungen. Diese Strömungswirbel mit hohem Impuls überlagern sich mit zirkulierender Flüssigkeit, wodurch im Wirbelkern Zonen niedrigen statischen Drucks auftreten. In diesen Wirbelkernen bilden sich Kavitationsblasen aus, die sich zu einem Kavitationsfaden vereinigen. Dieser Faden wird von 2 angrenzenden Löchern eingesogen und dringt in die Kavitationsschläuche im Düsenloch ein. Je größer der Nadelhub und damit das Druckgefälle ist, desto mehr Kavitationsfäden bilden sich. Diese Fäden treten in Wechselwirkung mit den Kavitationsschläuchen des Einspritzlochs und brechen auf. Die Lebensdauer solcher Kavitationsfäden beträgt nur einige Mikrosekunden.

Danach bilden sich zwischen 2 beliebigen anderen Spritzlöchern Kavitationsfäden. [63], [50], [29], [8] stellten fest, dass mit zunehmendem Nadelhub die Kavitationsschläuche wesentlich stabiler sind.

3. Gemischbildung

In Verbrennungskraftmaschinen wird die im Kraftstoff gespeicherte Energie durch Oxidation freigesetzt. In realen Motoren ist diese Verbrennung unvollständig, weshalb im Abgas Schadstoffe wie HC, NO_x oder Ruß zu finden sind. Beim Dieselmotor erfolgt die chemische Umsetzung durch gleichzeitiges Vermischen, Verdampfen, Zünden und schließlich Verbrennen des in den Brennraum eingebrachten Kraftstoffs.
Die Grundlage für eine möglichst hochwertige Verbrennung und damit Leistungsausbeute des Kraftstoffs bildet hierbei die Gemischbildung.

3.1 Strahlaufbruch

Bei der dieselmotorischen Verbrennung laufen die entscheidenden Vorgänge Einspritzung, Gemischbildung, Zündung und Verbrennung simultan im Brennraum ab. Dieser Vorgang ist sehr komplex und weiterhin der wichtigste Forschungsschwerpunkt, um die heutigen Dieselmotoren nicht nur in ihrer Leistung und Effizienz zu steigern, sondern auch um den Kraftstoffverbrauch und die Schadstoffemissionen zu senken. Zum Erreichen dieser Ziele ist es wichtig, den Strahlzerfall und dessen Auswirkungen auf die Verbrennung zu verstehen.

3.1.1 Primärer und sekundärer Strahlzerfall

Als primären Strahlzerfall bezeichnet man das Aufbrechen des Strahls in kleine Tröpfchen beim Eintritt in den Brennraum. Grund für den primären Strahlzerfall sind der Impulsaustausch zwischen dem flüssigen Strahl und der komprimierten Luft. Hierbei werden die Strahlränder wellig und durch Scherkräfte kommt es zum Ablösen von Tropfen und Flüssigkeitsschlieren, die als Ligamente bezeichnet werden. Der primäre Strahlzerfall ist im Gegensatz zum sekundären Strahlzerfall stark von der Düseninnenströmung und der dort erzeugten Turbulenz abhängig.

Unter sekundärem Strahlzerfall versteht man das weitere Aufbrechen der Tröpfchen und Ligamente zu noch kleineren Tropfen durch Impulsaustausch mit dem umgebenden, komprimierten Gas.

3.1.2 Zerfallsbereiche

Nach [60] kann man den Strahlzerfall mit zunehmender Ausströmgeschwindigkeit in 4 Zerfallsbereiche einteilen:

1. Rayleigh-Zerfall:
Ausströmen der Flüssigkeit unter anschließendem Zertropfen. Eine Vorstufe hierzu ist das sogenannte Abtropfen. Die Flüssigkeit wird durch Oberflächenkräfte solange am Rand einer Öffnung gehalten, bis der sich ausbildende Tropfen, aufgrund der Gewichtszunahme durch nachströmende Flüssigkeit, sich löst. Das Abtropfen tritt in dem Moment ein, indem die Gewichtskraft größer als die Oberflächenkraft wird. Wird die Strömungsgeschwindigkeit größer, so zertropft die Flüssigkeit direkt nach dem Ausströmen.

2. **Erster Wind-induzierter Zerfall**:
   Mit steigender Ausströmgeschwindigkeit verringert sich die Strahlkernlänge und es lösen sich aufgrund der Oberflächenspannung Tropfen in der Größenordnung des Strahlkerns von diesem ab. Der Strahl tritt in zunehmendem Maß in Wechselwirkung mit der umgebenden Gasphase.

3. **Zweiter Wind-induzierter Zerfall**:
   Größter Unterschied zum ersten Wind-Induzierten Zerfall ist der Beginn des Zerfallens am Strahlrand. [60] unterscheidet zwischen der Länge der ungestörten Strahloberfläche und der Länge des intakten Strahlkerns. Dessen Länge nimmt nun wieder zu.

4. **Zerstäuben**:
   Mit zunehmender Strömungsgeschwindigkeit beginnt der Zerfallsprozess nun am Strahlrand nahe dem Düsenaustritt. Nicht nur die Länge der ungestörten Strahloberfläche nimmt ab, sondern auch die Länge des intakten Strahlkerns. Es ist noch nicht endgütig erforscht, ob der Strahlaufbruch direkt am Düsenaustritt beginnt und damit die Kurve in Abb. (3.1.2) rechts gegen null geht.

| Rayleigh-Zerfall | Erster Wind-induzierter Zerfall | Zweiter Wind-induzierter Zerfall | Zerstäuben |

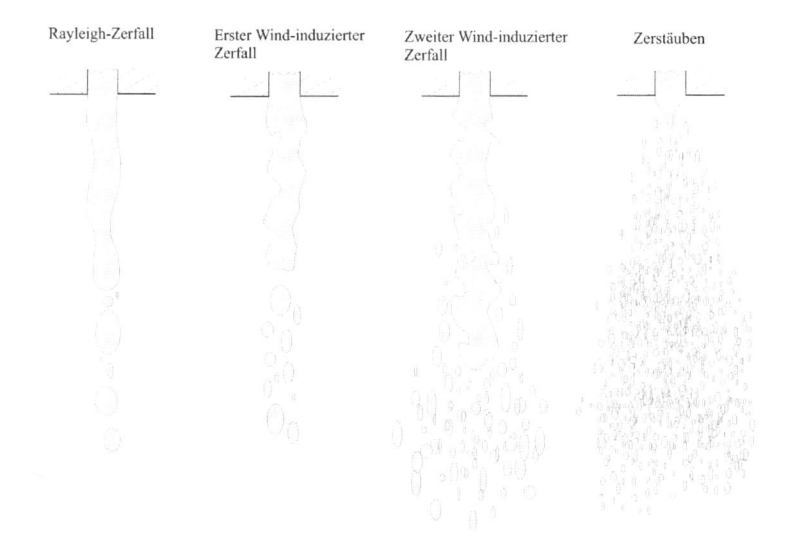

Abb. (3.1.1): Graphische Veranschaulichung der verschiedenen Zerfallsbereiche [63]

Die Dieseleinspritzung ist dem Zerfallsbereich der Zerstäubung zuzuordnen [63], [60].

Abb.(3.1.2) zeigt nochmals die Abhängigkeit von Zerfallsbereich und Strahlaufbruchlänge von der Strömungsgeschwindigkeit.

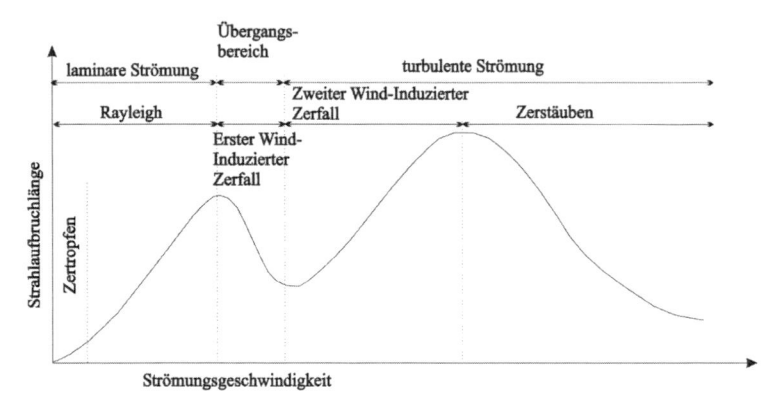

Abb. (3.1.2): Zerfallsbereichseinteilung über die Strömungsgeschwindigkeit

Die oben beschriebene Einteilung geht nur von unterschiedlichen Zerfallseigenschaften aufgrund unterschiedlicher Strömungsgeschwindigkeit aus. Nach [49] kann man die Zerfallsbereiche auch über die Ohnesorge-Zahl definieren:

$$OH = \frac{\sqrt{We}}{Re} = \frac{\eta}{\sqrt{\sigma \cdot \rho \cdot D}} \qquad Gl.\ 3.1$$

η : dynamische Zähigkeit [Ns/m^2]
σ: Oberflächenspannung [N/m]
ρ: Dichte [kg/m^3]
D: Bezugslänge [m]

Die Ohnesorge-Zahl beschreibt das Verhältnis aus Zähigkeitskräften und Oberflächenkräften. Mit dieser Einteilung werden weder Geometrie noch Einflüsse der Gaseigenschaften berücksichtigt.

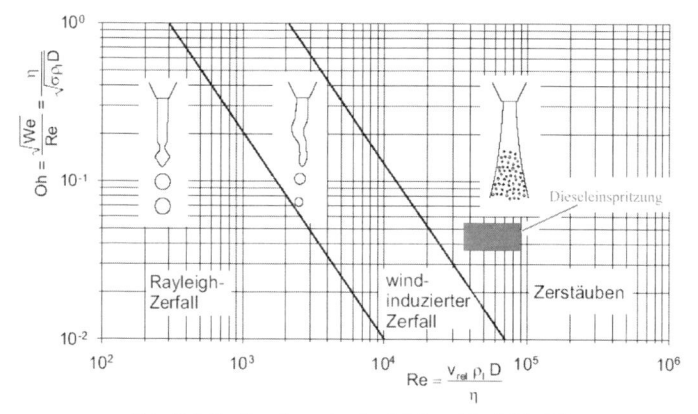

Abb. (3.1.3): Einteilung der Zerfallsbereiche [49], [8]

In Abb. (3.1.3) ist die Zuordnung der Zerfallsbereiche nach [49] dargestellt. Es ist logarithmisch die Ohnesorge-Zahl über der Reynoldszahl aufgetragen. Der Bereich, in dem ich die dieselmotorischen Einspritzvorgänge befinden, ist rot unterlegt [8].
Da die Dieseleinspritzung dem Zerstäubungsbereich zuzuordnen ist, beginnt der in den Brennraum eingespritzte Kraftstoff unmittelbar nach der Düsenöffnung in flüssige Tröpfchen zu Zerstäuben. Wie nahe bei der Düsenöffnung die Zerstäubung einsetzt ist laut [8] weiterhin noch nicht endgültig erforscht. Die Zerstäubung und Durchmischung mit Luft ist am Strahlrand wesentlich ausgeprägter als im Kern.

3.1.3 Einfluss der Kavitation auf den Strahlaufbruch

Aufgrund des hohen Einspritzdrucks heutiger Einspritzanlagen stellt sich in der Düse eine sehr hohe Strömungsgeschwindigkeit ein, die das Auftreten von Kavitation fördert. Die Kavitation beeinflusst maßgeblich den Strahlaufbruch, auch wenn die Zusammenhänge noch nicht endgültig geklärt sind.

Es existieren 2 Theorien, inwiefern die Kavitation den Strahlaufbruch beeinflusst:

1. Kavitationsblasen, die sich durch die in Kapitel 2.3 beschriebenen Vorgänge im Inneren der Düse bilden, implodieren beim verlassen des Düsenlochs und reißen dabei - sofern sie sich in Oberflächennähe befinden - diese auf und erhöhen dadurch den Lufteintrag in den Strahl.

2. Das Auftreten von Kavitation bewirkt durch Querschnittsverengungen und Beeinflussung des Strömungsfeldes eine Turbulenzerhöhung. Dadurch treten mehr Oberflächenstörungen auf, die als Folge einen verstärkten Lufteintrag und dadurch einen verbesserten Strahlaufbruch bewirken.

[8] hat die Kavitationsblasen mittels Durchlichttechnik innerhalb einer Acrylglasdüse untersucht. Die Durchlichttechnik erlaubt aufgrund der Totalreflexion an den Kraftstoff-Luft-Übergängen keine Aufnahmen von Blasen im Freistrahl. Aus diesem Grund wurde der Einfluss der Blasenimplosion auf das Aufbrechen des Strahls mittels Korrelationsversuchen überprüft. Die Blasengeschwindigkeit kann innerhalb des Einspritzlochs bestimmt werden, da hier die Durchlichttechnik angewendet werden kann. Der wahrscheinliche Aufenthaltsort der Blase kann durch Extrapolation errechnet und dann mit Unregelmäßigkeiten am Strahlrand verglichen werden. Hierbei stellt sich das Problem, dass die Auswirkungen eines Blasenkollaps sehr stark vom Abstand der Blase zur Strahloberfläche abhängig sind. Je weiter die Blase im Strahlinnern implodiert, desto weniger wird dies aufgrund der Flüssigkeitsdämpfung eine Auswirkung auf den Strahlrand haben [8].

Die auftretenden Blasen wurden von [8] in 4 verschiedene, ortsabhängige, Gruppen eingeteilt:

- Die Blase befindet sich in Nähe der Spritzlochwand und ein Blasenkollaps sollte deswegen eine Störung am Strahlrand auslösen.

- Die Blase befindet sich im zweiten Drittel der Spritzlochhälfte und die Implosion wird mehr oder weniger stark gedämpft stattfinden.

- Die Blase befindet sich in der Mitte des Spritzlochs, wodurch eine Implosion kaum oder keine Auswirkungen auf die Strahloberfläche hat.

- Es wird eine Störung auf dem Freistrahl beobachtet, ohne dass diese auf die Implosion einer Blase zurückgeführt werden kann.

Nun kann ermittelt werden, ob sich ein Zusammenhang zwischen dem wahrscheinlichen Blasenaufenthaltsort im Freistrahl erkennen lässt, oder ob Übereinstimmungen von Strahlrandablösungen und Blasenaufenthaltsort rein zufällig sind. Die möglichen Übereinstimmungen sind in Abb. (3.1.4) dargestellt. Im Düsenloch kann eine Blase detektiert und durch Geschwindigkeitsberechnungen der wahrscheinliche Aufenthaltsort zu späteren Zeitpunkten im Freistrahl angegeben werden.

3. Gemischbildung

Blase korreliert mit sichtbarer Störung

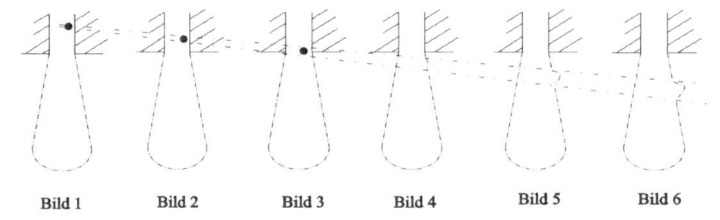

Bild 1　　Bild 2　　Bild 3　　Bild 4　　Bild 5　　Bild 6

Blase korreliert nicht mit sichtbarer Störung

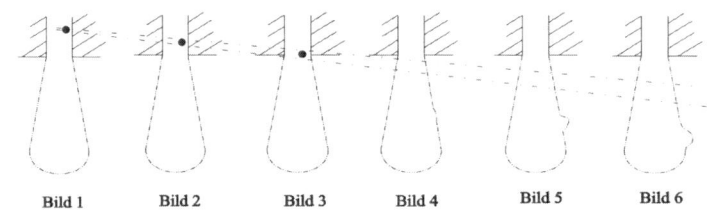

Bild 1　　Bild 2　　Bild 3　　Bild 4　　Bild 5　　Bild 6

Sichtbare Störung korreliert nicht mit Blase

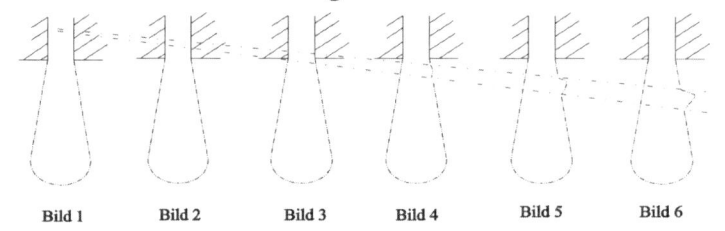

Bild 1　　Bild 2　　Bild 3　　Bild 4　　Bild 5　　Bild 6

Abb. (3.1.4): Prinzip der Korrelationsversuche [8]

Aufgrund statistischer Auswertung der Korrelationsversuche stellte [8] fest, dass kein eindeutiger Zusammenhang zwischen Aufenthaltsort einer Blase im Freistrahl und einer Oberflächenstörung zu erkennen ist. Die Störung des Strahls ist laut [8] rein zufälliger Natur und liegt nicht in einer etwaigen Blasenimplosion begründet. Zu demselben Ergebnis kommt [63].

3.1.4 Einfluss der Spritzlochkantenwinkel

Großen Einfluss auf den Strahlkegelwinkel und damit den Strahlzerfall haben die Winkel γ_{ok} und γ_{uk} gemäß Abb. (3.1.5).

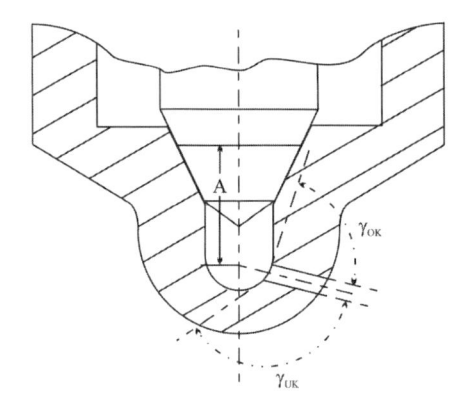

Abb. (3.1.5): Definition des A-Maßes und der Winkel γ_{ok} und γ_{uk} [63]

[63] untersuchte 3 ähnliche Düsen mit unterschiedlichem A-Maß. Er stellte fest, dass der düsennahe Strahlkegelwinkel zwar beim Öffnen und Schließen der Nadel gleiche Werte aufweist, sich aber bei Düsen mit größerem A-Maß in der quasistationären Phase ein wesentlich kleinerer Winkel einstellt. Bei der Düse mit dem größten Wert ist der Unterschied zwischen den Winkeln γ_{ok} und γ_{uk} am geringsten, deshalb ist die Strömungsumlenkung quasi symmetrisch bezüglich Ober- und Unterkante des Spritzlocheinlaufs.

Alle aktuellen Forschungsergebnisse wie [63], [29] und [8] stimmen darin überein, dass der Haupteinfluss der Kavitation auf den Strahlzerfall auf die Erhöhung der Turbulenz der Düseninnenströmung zurückzuführen ist und die Implosion von abgelösten Kavitationsblasen im Freistrahl, wenn überhaupt, nur eine untergeordnete Rolle spielt. Durch die Erhöhung der Turbulenz entstehen am Freistrahl Unregelmäßigkeiten, die den Lufteintrag, das sog. Air-Entrainment, in den Strahl fördern und somit zu einer besseren Kraftstoffaufbereitung beitragen.

3.2 Tropfengrößenverteilung und Tropfengeschwindigkeit

Beim Eintritt des Strahls in den Brennraum zerfällt dieser in Tropfen unterschiedlicher Größe und Geschwindigkeit, die mit zunehmender Verweildauer zu kleineren Durchmessern zerstäuben und verdampfen, um schließlich nach Erreichen eines zündfähigen Luftverhältnisses die Verbrennung einzuleiten. [67] hat dabei festgestellt, dass die Tropfengeschwindigkeit als auch Größe eine charakteristische, reproduzierbare Verteilung aufweisen. An der Strahlspitze bewegen sich die Tropfen mit stark

3. Gemischbildung

unterschiedlichen Geschwindigkeiten, von 100 m/s bis zu 300 m/s. Dies ist darauf zurückzuführen, dass die ersten, in die ruhende Luft eindringenden, Tropfen durch diese abgebremst werden. Es findet ein starker Impulsaustausch statt, der nicht nur die Kraftstoffteilchen abbremst, sondern auch die Luft beschleunigt. Aus diesem Grund ist der Geschwindigkeitsunterschied der Luft zu später eindringenden Tropfen nicht mehr so groß und die späteren Tropfen bewegen sich sozusagen im Windschatten der vorausfliegenden. Dieser Effekt wiederum führt dazu, dass die später eingespritzte, zerstäubte Flüssigkeit die vorauseilenden Tropfen einholt. An der Strahlspitze entstehen Wechselwirkungen der Tropfen untereinander, es kommt zu Koaleszenz und Zerfall. Aus diesem Grund befinden sich die höchsten Tropfengeschwindigkeiten immer direkt hinter der Sprayspitze [67], [68]. Dies führt dazu, dass sich dort ein fettes Gemisch einstellt, in dessen Bereich es vermehrt zu Russentstehung kommt.

Bei der Gegenüberstellung Tropfengröße zu Tropfengeschwindigkeit zeigt sich, dass die größten Tropfen auch die größte Geschwindigkeit besitzen. Sie befinden sich in der Strahlmitte. Mit abnehmendem Abstand zum Strahlrand sinkt die Geschwindigkeit als auch die Größe. Abb. (3.2.1) zeigt die von [67] gemessene Geschwindigkeitsverteilung sowie die Tropfengröße.

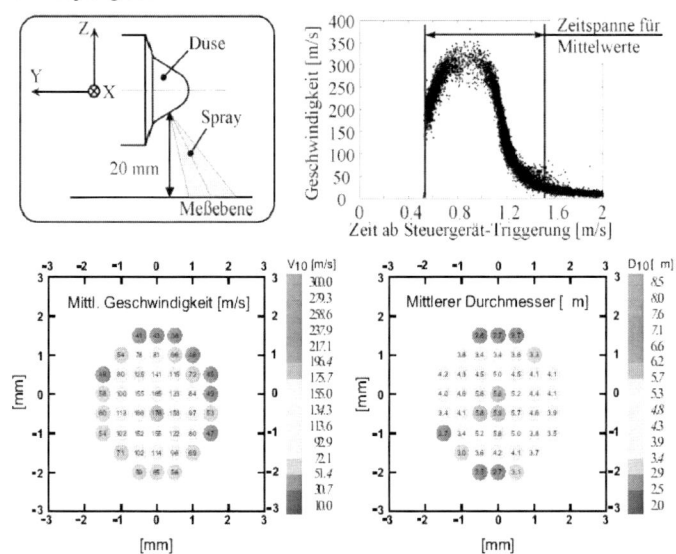

P_{Rail}=800bar, m_B=15mg, T_L=295 K, p_K=1 bar, 6-Loch-Sitzlochdüse, HD 300, Meßpunkt 20 mm unterhalb des Düsenlochs

Abb. (3.2.1): Tropfengrößen- und Geschwindigkeitsverteilung im Spray [69]

3.2.1 Einfluss des Kompressionsdrucks

Der Kompressionsdruck, über den sich die Dichte der komprimierten Luft im Brennraum verändert, hat wesentliche Auswirkungen auf den Einspritzprozess. Durch eine Luftdichteerhöhung im Brennraum kommt es zu einem verstärkten Impulsaustausch der Tröpfchen mit der Luft. Hierdurch steigt der Strahlkegelwinkel und die mittlere Tropfengeschwindigkeit sinkt. Laut [69] sinkt der Tropfendurchmesser aufgrund der größeren Scherkräfte am Strahl, die die Tropfen schneller abbremsen und verdampfen (Abb. (3.2.2)).

In [67] hingegen stellt der gleiche Autor fest, dass aufgrund des höheren Impulsaustauschs mit der Luft die Tropfengeschwindigkeit zwar sinkt, dadurch aber der Tropfenaufbruch vermindert ist und der Tropfendurchmesser ansteigt. Außerdem ist durch die Abbremsung der Strahlspitze die Tropfendichte deutlich erhöht, was zu vermehrter Koaleszenz und somit ebenfalls zu einem Anstieg des Durchmessers führt. Abb. (3.2.2) stellt die von [67] ermittelten Messwerte dar.

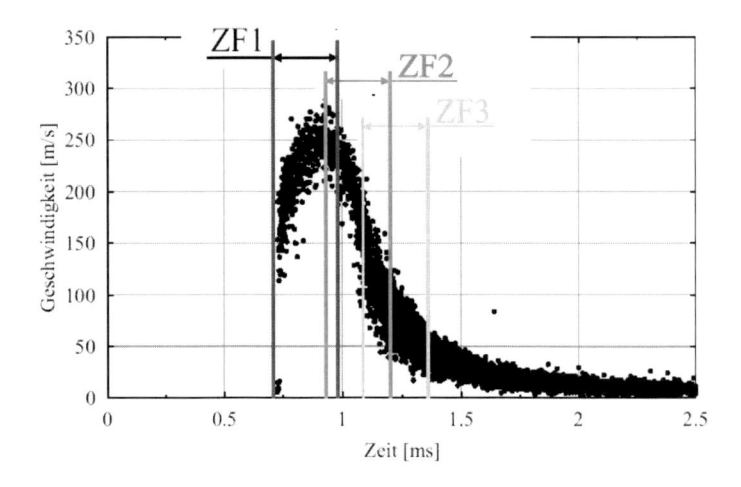

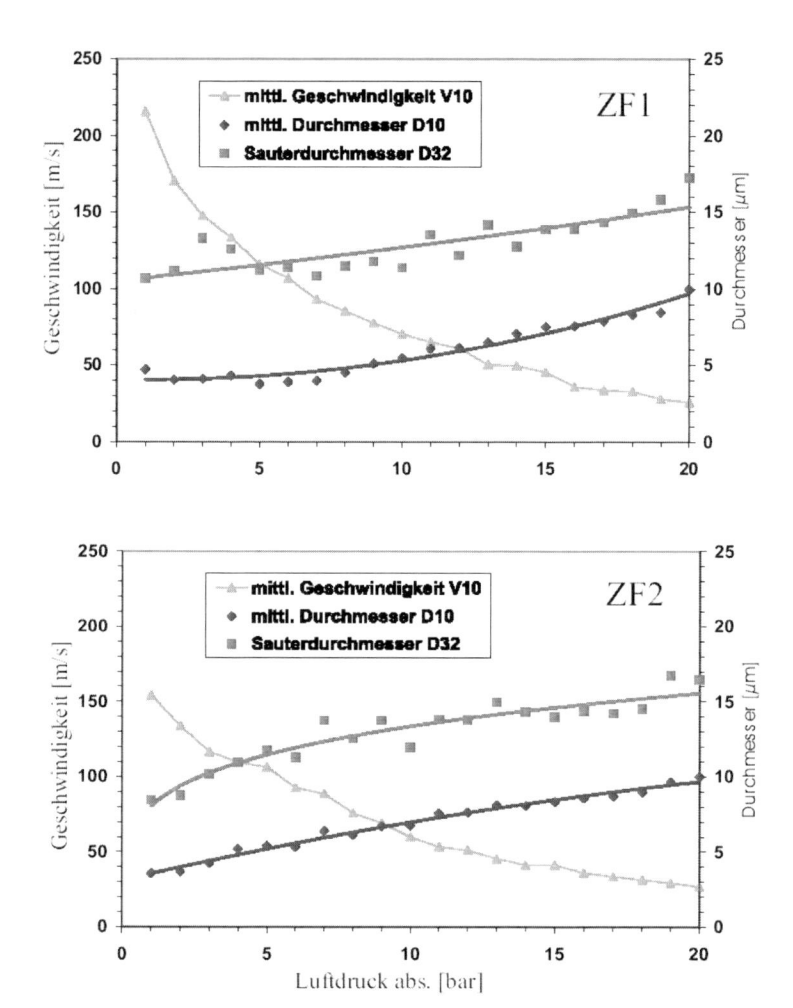

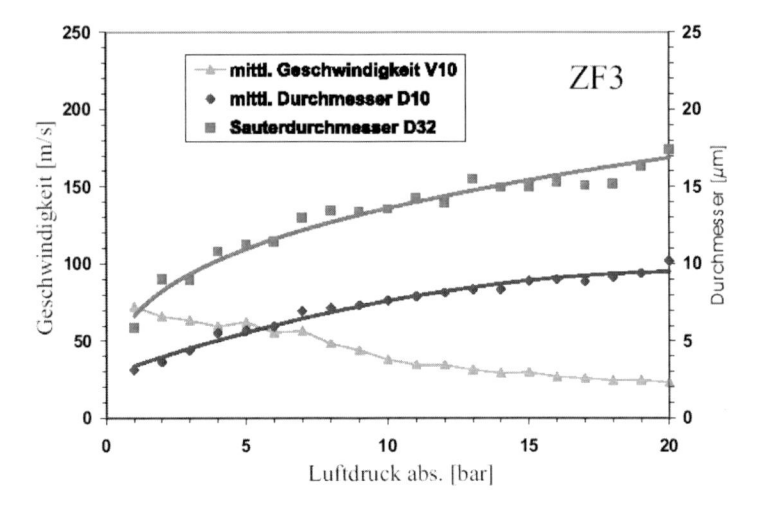

Abb. (3.2.2): Tropfengeschwindigkeit und Größe bei verschiedenen Kammerdrücken und unterschiedlichen Zeitfenstern [67]

3.2.2 Einfluss des Raildrucks

Die Eintrittsgeschwindigkeit, und damit die kinetische Energie des Kraftstoffs bei Eintritt in den Brennraum, ist abhängig vom Druckgefälle zwischen Rail und Verbrennungskammer als auch von Drosselverlusten. Je höher der Raildruck ist, desto höher ist auch die Eintrittsgeschwindigkeit des Kraftstoffstrahls. Aufgrund dessen findet ein stärkerer Impulsaustausch mit der komprimierten Luft statt, der zu einem kleineren Tröpfchendurchmesser führt. Die mittlere Tropfengeschwindigkeit steigt also bei gleichzeitiger Abnahme des mittleren Tropfendurchmessers [67].

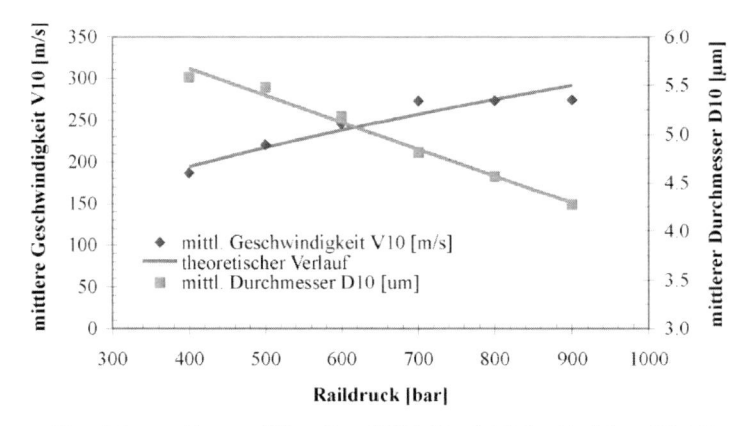

Piezo-Inj., $p_L = 1$ bar, $t_i = 186$ μs, $T_L = 295$ K, 5-Loch-Minisacklochdüse, HD 365

Abb. (3.2.3): Abhängigkeit der Tropfengeschwindigkeit und Durchmesser vom Raildruck [67]

Die von [67] gemachten Aussagen über den Zusammenhang zwischen Raildruck und Tropfenanzahl und Größe werden von [74] bestätigt. Die Tropfenanzahl nimmt bei einer Druckerhöhung von 500 auf 1500 bar kontinuierlich zu, sie steigt von ca. 3000 auf 13000 im von einer Messsonde detektierten Bereich eines Einspritzprüfstands (Abb. (3.2.4)).

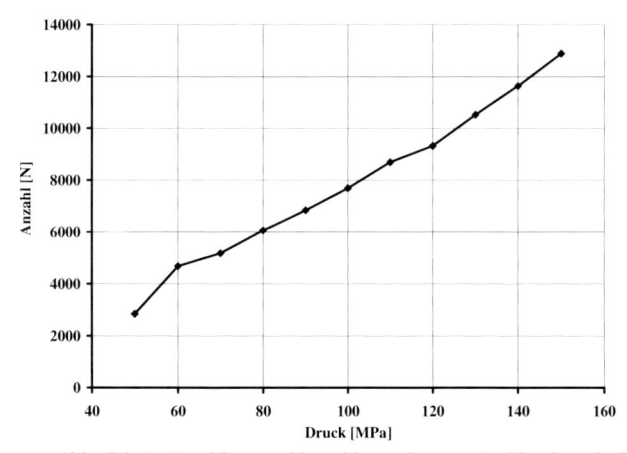

Abb. (3.2.4): Tröpfchenanzahl in Abhängigkeit vom Raildruck nach [74]

Die Abnahme des Tropfendurchmessers mit steigendem Einspritzdruck ist in Abb. (3.2.5) dargestellt.

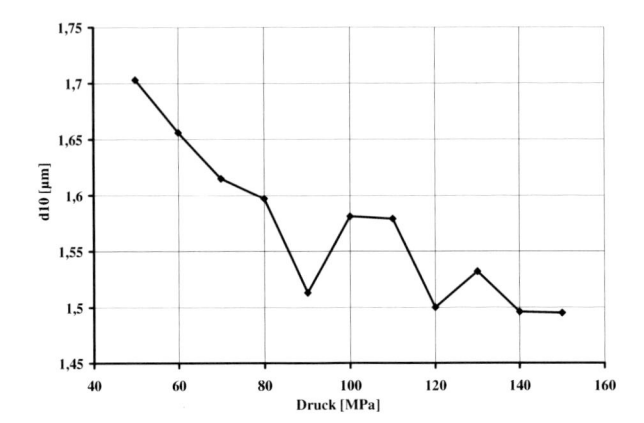

Abb. (3.2.5): Einfluss des Raildrucks auf den mittleren Tröpfchendurchmesser

3.3 Strahlkegelwinkel und Eindringtiefe

Bei der Beurteilung des Strahlkegelwinkels unterscheidet man zwischen dem sog. Mikro- und dem Makrokegelwinkel.

Als Mikrokegelwinkel wird der Winkel zwischen zwei Durchschnittsgeraden bezeichnet, die, beginnend am Spritzlochaustritt, auf einer Länge von 1 mm den Strahl einschließen.

Zur Bestimmung des Makrokegelwinkels werden die Geraden an den sichtbaren Strahl angelegt und der Winkel vermessen.

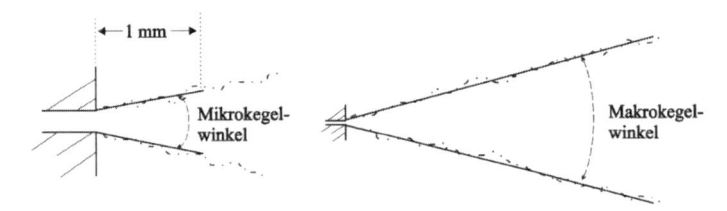

Abb. (3.3.1): Definition des Mikro- und des Makrokegelwinkels

3.3.1 Einfluss des Raildrucks auf den Strahlkegelwinkel

[67] konnte bei seinen Untersuchungen keine Auswirkungen einer Raildruckveränderung auf den Makrokegelwinkel feststellen. Als Begründung führt er die Zunahme der Strahlgeschwindigkeit bei gleichzeitiger Abnahme der Tröpfchengröße mit steigendem

Raildruck an, wodurch die Verdampfungsrate steigt und der Kegelwinkel sich nicht erkennbar verändert.

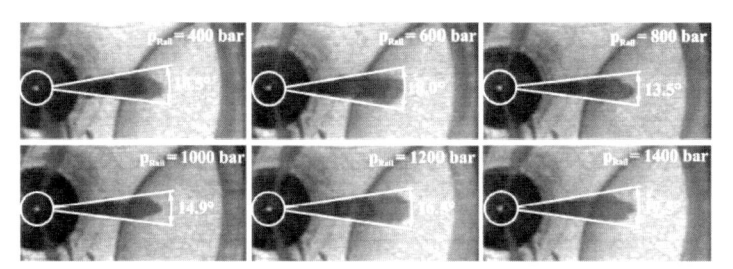

p_{OT} = 58 bar, m_B = 15 mg, T_{OT} ca. 990 K, 5-Loch-Minisacklochdüse, HD 365

Abb.(3.3.2): Einfluss des Raildrucks auf den Strahlkegelwinkel [67]

Abb. (3.3.2) zeigt die Kegelwinkelaufnahmen von [67] bei unterschiedlichen Raildrücken. Es ist keine eindeutige Tendenz in der Veränderung des Makrokegelwinkels zu erkennen.

[36] differenziert zwischen Mikro- und Makrokegelwinkel. Bei seinen Untersuchungen sank der Mikrokegelwinkel der untersuchten Sacklochdüsen, der der Sitzlochdüse stieg. Bezüglich des Makrokegelwinkels hingegen konnte [36] ebenfalls keine Veränderung erkennen.

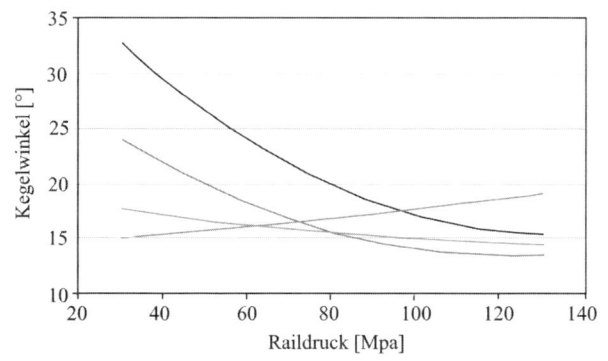

Mini Sackloch 2x170mmx0°x0°   Mini Sackloch 2x0,170mmx150°x0°
VCO 2x0,170mmx150°x0°
VCO 1x0,170mmx0°x0°

Abb. (3.3.3): Mikrokegelwinkel nach [16] bei unterschiedlichen Raildrücken

[Chart: Kegelwinkel [°] vs Raildruck [MPa], x-axis 20 to 140, y-axis 10 to 28]

(Macro) MiniSackloch 2x0,170mmx150°x0° (Micro) Minisackloch 2x0,170mmx150°x0°
(Macro) VCO 2x0,170mmx150°x0°
(Macro) VCO 1x0,170mmx0°x0° (Micro) VCO 1x170mmx0°x0°

Abb. (3.3.4): Vergleich Mikro- Makrokegelwinkel nach [16] bei unterschiedlichen Raildrücken

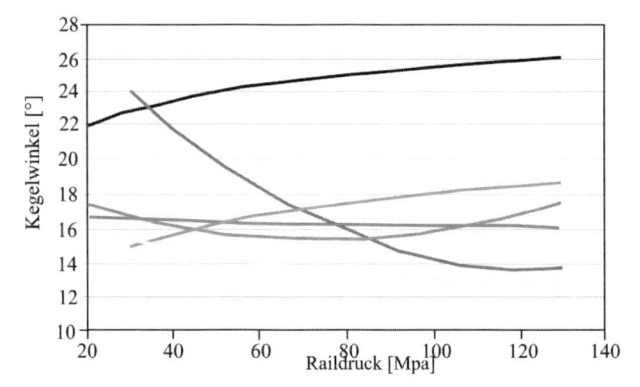

[35] hat bei Untersuchungen des Kegelwinkels in Abhängigkeit des Einspritzdrucks einen steigenden Winkel bis 600 bar bei verrundeten Düsen festgestellt, wohingegen er bei scharfkantigen Düsen ohne Verrundung eine Abnahme erkennen konnte.

3.3.2 Einfluss des Raildrucks auf die Eindringtiefe

Mit steigendem Raildruck erhöht sich - wie oben erwähnt - die Eintrittsgeschwindigkeit der Flüssigkeit in die verdichtete Luft des Brennraums aufgrund des größeren Impulses. Dies hat zur Folge, dass der Strahl sich schneller in der Brennkammer ausbreitet. Die Eindringtiefe der Flüssigphase allerdings ist bei ungestörter Ausbreitung (ohne Wandkontakt) konstant und unabhängig vom Raildruck. Dies liegt daran, dass bei höherem Raildruck und damit steigendem Strahlimpuls an der Spitze die Verdampfungsrate ebenfalls ansteigt. Dadurch nimmt zwar die Eindringtiefe der Gasphase zu, die der Flüssigphase bleibt aber unverändert, da die zu erwartende Zunahme der Flüssigkeitseindringtiefe durch die stärkere Verdampfung ausgeglichen wird. Allerdings wird die maximale, konstante Eindringtiefe der Flüssigphase mit steigendem Raildruck früher erreicht [70], [32], [13].

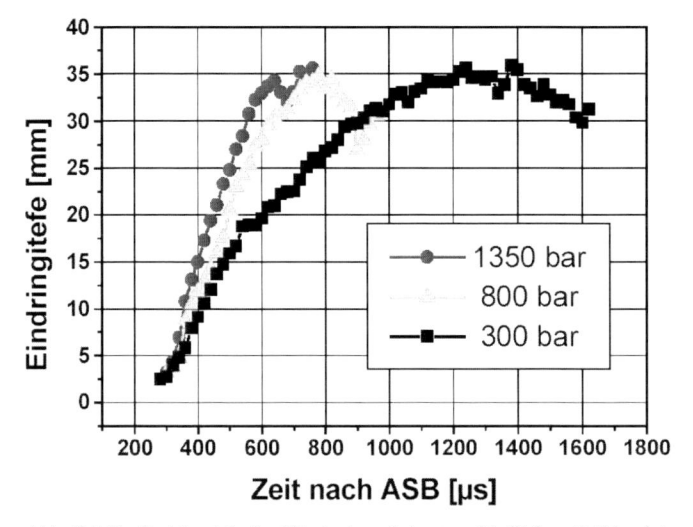

Abb. (3.3.5): Eindringtiefe der Flüssigphase bei unterschiedlichem Raildruck in Abhängigkeit der Zeit nach Spritzbeginn[32]

3.3.3 Einfluss des Kompressionsdrucks

Bei steigendem Kompressionsdruck, der mit einer Dichteerhöhung verbunden ist, wird der Strahlkegelwinkel größer. Außerdem sinkt aufgrund des höheren Impulsaustauschs die Eindringtiefe [69].

3.3.4 Einfluss der Kompressionstemperatur

Mit steigender Kompressionstemperatur sinkt die Länge des flüssigen Strahls, da aufgrund der höheren Temperatur eine schnellere Verdampfung eintritt [69].

3.4 Lokales Luft/Kraftstoffverhältnis

Die dieselmotorische Gemischbildung ist nicht wie die ottomotorische homogen, d. h. im Brennraum ist das Luftverhältnis nicht ortsunabhängig. Im Kern des Einspritzstrahls beispielsweise ist ein fettes Gemisch zu erwarten, an den Strahlrändern ein eher großes Luftverhältnis aufgrund des hohen Luftanteils. Innerhalb des Strahlkerns bleibt der Wert des mittleren Luft/Kraftstoffverhältnisses λ nahezu konstant. Erst in den nahen Randbereichen setzt eine Abmagerung ein.

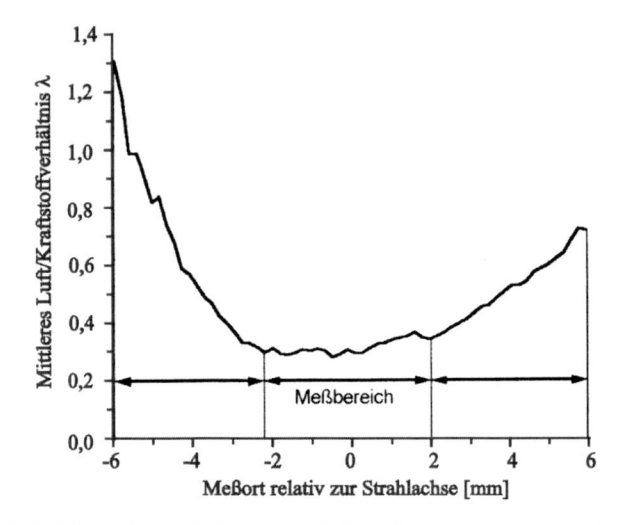

Abb. (3.4.1): Mittlere Luftzahlwerte als Funktion des Abstands zur Sprayachse 700ms nach Spritzbeginn, Raildruck 900 bar [33]

Dies ist auch in Abb. (3.4.1) zu erkennen. Hierbei handelt es sich um gemittelte Messwerte über nahezu die gesamte Strahlbreite, die 700 ms nach Spritzbeginn aufgenommen wurden [37]. Mit Erhöhung des Einspritzdrucks verbessert sich das Luft/Kraftstoffverhältnis deutlich. Grund hierfür ist der verbesserte Strahlaufbruch, gefolgt von einer schnelleren Tröpfchenverdampfung. Aufgrund des höheren Impulseintrags kommt es zu einer intensiveren Durchmischung, die zu einem im Mittel günstigeren Luftverhältnis führt. Ein weiterer Effekt ist der, dass durch den schnelleren Kraftstoffeintrag wegen des höheren Raildrucks mehr Zeit für die Verdampfung und Durchmischung zur Verfügung steht, da die Einbringung der gleichen Kraftstoffmenge wesentlich schneller vollzogen wird. Dementsprechend steht früher ein zündfähiges Gemisch bereit.

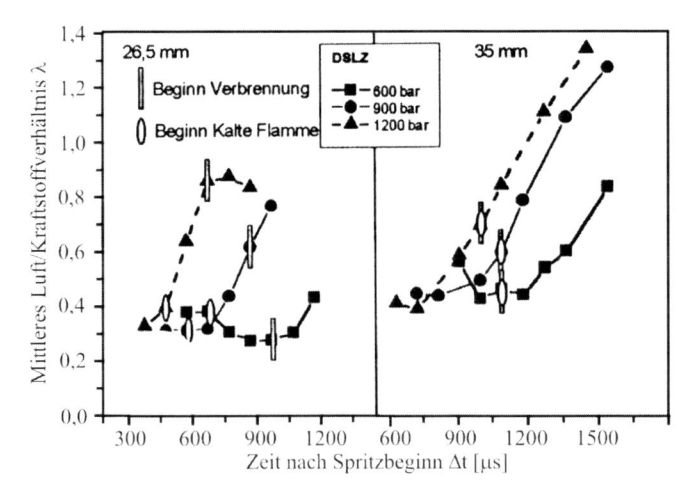

Abb. (3.4.2): Vergleich der zeitlichen Entwicklung der Gemischbildung im Strahlkern für verschiedene Einspritzdrücke [33]

Abb. (3.4.2) belegt dies. Die Messwerte wurden bei unterschiedlichen Entfernungen (26,5 mm und 35 mm) vom Spritzloch aufgenommen. Es ist sehr deutlich zu erkennen, dass eine Erhöhung des Raildrucks wesentlich schneller zur Bereitstellung eines zündfähigen Gemischs führt. Außerdem ist mit zunehmendem Raildruck das mittlere Luft/Kraftstoffverhältnis λ bei Verbrennungsbeginn günstiger.

4. Dieselmotorische Zündung, Verbrennung und Schadstoffentstehung

Nach der Gemischbildung entsteht ein zündfähiges Luft-Kraftstoff-Gemisch und eine Oxidation des Kraftstoffes setzt ein. Je nach Güte des Verbrennungsvorgangs wird eine mehr oder weniger komplette chemische Umsetzung des Kraftstoffs in nutzbare Energie vollzogen. Hierbei wird versucht, eine möglichst effektive Kraftstoffausnutzung bei minimaler Schadstoffbildung zu erreichen. Die bei der Zündung und anschließenden Verbrennung auftretenden Phänomene und ihre Einflussfaktoren sind Bestandteil des folgenden Kapitels.

4.1 Zündung, Zündverzug

Nach den oben beschriebenen Gemischbildungsvorgängen entsteht im Brennraum ein heterogenes Gemisch, d. h. es bilden sich Zonen unterschiedlichen Luftverhältnisses aus. Dies steht im Gegensatz zur Gemischbildung im Ottomotor, bei der das Luft-Kraftstoff-Gemisch außerhalb des Brennraums vermengt wird und dadurch ein gleichmäßiges, homogenes Gemisch vorliegt. Die nun in der Gasphase ablaufenden Vorreaktionen führen an Stellen mit günstigem Luftverhältnis ($0,5 < \lambda < 0,7$), Temperatur und Druckverlauf zur ersten lokalen Selbstzündung.

4.1.1 Zündverzug

Die zwischen Einspritzbeginn und Zündung liegende Zeitspanne wird als Zündverzugszeit bezeichnet. Der Zündverzug kann in den physikalischen und chemischen Zündverzug unterteilt werden [54], [1].
Für den physikalischen Zündverzug sind die Vorgänge der Kraftstoffaufbereitung wie Zerstäubung, Verdampfung und Mischung mit der Luft im Brennraum zu einem zündfähigen Gemisch verantwortlich. Der physikalische Zündverzug wird im wesentlichen durch die physikalischen Eigenschaften des Kraftstoffs wie Dichte, Viskosität, Siedetemperatur als auch durch die Art der Kraftstoffeinbringung wie Einspritzsystem, Einspritzdruck, Düsenart usw. beeinflusst [55], [54].
Der chemische Zündverzug hingegen bezeichnet die Verzugszeit aufgrund chemischer Vorreaktionen, die für eine Zündung notwendig sind. Er ist hauptsächlich von den reaktionskinetischen Eigenschaften des Luft-Kraftstoffgemischs abhängig als auch von den Umgebungsbedingungen (Druck, Temperatur) [55], [54].
Die Oxidation der aus langkettigen Kohlenwasserstoffen bestehenden Dieselkraftstoffs wird durch kettenverzweigende Reaktionsvorgänge bestimmt. Aufgrund deren starken Abhängigkeit von Temperatur und Druck kann man den Entzündungsvorgang in zwei temperaturabhängige Bereiche einteilen, die einstufige Hochtemperatur-Entflammung und die bei niederen Temperaturen ablaufende mehrstufige Entflammung. Bei hohen Temperaturen zerfallen die Kraftstoffmoleküle unter Bildung von Alkenen in Alkylradikale. Diese werden immer kleiner, bis schließlich nur noch die geschwindigkeitsbestimmenden kleinsten Alkylradikale C_2H_5 und CH_3 übrigbleiben.

4. Dieselmotorische Zündung, Verbrennung und Schadstoffentstehung

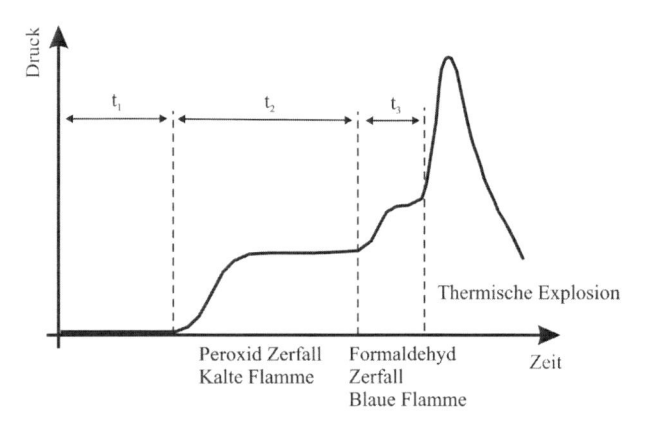

Abb. (4.1.1): mehrstufiger Entflammungsprozess [54]

Der Oxidationsvorgang bei niedrigen Temperaturen verläuft über die sog. degenerative Kettenverzweigung in einem mehrstufigen Prozess. Große Kohlenwasserstoffe werden hierbei zu relativ stabilen Alkylperoxiden oxidiert. Wenn deren Konzentration einen kritischen Wert erreicht, beginnen diese exotherm zu zerfallen. Durch Radikalentstehung und Wärmefreisetzung wird ihr Zerfall noch beschleunigt. Dies geschieht explosionsartig und wird als das Auftreten der "Kalten Flamme" bezeichnet. Bei diesen Vorgängen kann bis zu 15 % der chemischen Gesamtenergie umgesetzt werden. Je tiefer nun die Temperatur, desto höher ist die kritische Konzentration der Peroxidradikale, die zum Einsetzen der Kalten Flamme führt. Bei erhöhter kritischer Konzentration ist auch die Intensität der Kalten Flamme höher, da mehr Peroxidradikale beginnen zu zerfallen. Die Zeitspanne t_1 in Abb. (4.1.1) bis zum erreichen des kritischen Wertes steigt also mit sinkender Temperatur. Während des Peroxid Zerfalls entstehen Formaldehyd und freie Radikale, die die Oxidation der Kohlenwasserstoffe vorantreiben. Der weitere, stark exotherme Zerfall des Formaldehyds führt zum Auftreten der sog. Blauen Flamme, wobei eine große Menge an Kohlenmonoxid gebildet wird. Das Auftreten der Blauen Flamme ist im Gegensatz zur Kalten Flamme sehr schwer nachzuweisen. Im anschließenden Reaktionsbereich (t_3) wird das entstandene Kohlenmonoxid explosionsartig mit dem vorhandenen Restsauerstoff zu Kohlendioxid umgesetzt. Falls sich nun die Temperatur erhöht, verringert sich die kritische Konzentration, die den Zerfallsbeginn der Peroxidradikale initiiert. Dies hat zur Folge, dass die Zeit bis zum Auftritt der Kalten Flamme t_1 abnimmt. Allerdings wird durch die niedrigere Konzentration an Peroxidradikalen im Vergleich zu tieferen Temperaturen die Intensität der Kalten Flamme ebenfalls geringer, d. h. t_2 steigt. Dies kann dazu führen, dass sich die chemische Zündverzugszeit, die als $t_{Zünd} = t_1 + t_2$ definiert ist, insgesamt erhöht. Bei mittleren Temperaturen findet ein Übergang von der mehrstufigen, degenerativen Kettenverzweigung auf den einstufigen Hochtemperaturzerfall statt. Bei der degenerativen Kettenverzweigung der Niedertemperaturentflammung gewinnen mit zunehmender Temperatur die thermisch aktivierten Rückreaktionen an Bedeutung. Diese verlangsamen die Reaktionen, was zu einer stetigen Zunahme des Zündverzugs mit steigender Temperatur führen würde. Diese theoretische Zunahme tritt nicht auf, da bei höheren

Temperaturen auf die einstufige Hochtemperatur-Entflammung ausgewichen wird [55], [54], [7]. Mit steigendem Druck wird die Zündverzugszeit kleiner, da die Dichte und damit die Konzentration der an den Reaktionen beteiligten Spezies zunimmt. Somit steigen die Reaktionsgeschwindigkeiten an. Durch eine Änderung des Luftverhältnisses wird hauptsächlich die mehrstufige Niedertemperatur-Entflammung beeinflusst. Durch ein fettes Gemisch erhöht sich die Alkylperoxid-Konzentration, was zu einer Steigerung der Intensität der Kalten Flamme führt. Die größere Menge an Radikalen verkürzt die Zeitspanne t_2 bis zum Auftreten der Blauen Flamme und damit auch die komplette Zündverzugszeit. Aus den oben beschriebenen Gründen hat das Luftverhältnis besonders im mittleren Temperaturbereich einen signifikanten Einfluss auf den Zündverzug. Im Niedertemperaturbereich hingegen ist der Einfluss eher gering, da der in diesem Temperaturbereich viel größere Verzug t_1 bis zum einsetzen der Kalten Flamme maßgeblich für den Gesamtbetrag des chemischen Zündverzugs ist [55], [54], [7].

4.1.2 Zündorte

Die Zündorte bei der dieselmotorischen Verbrennung sind stark abhängig vom Einspritzdruck. Bei Common-Rail Anlagen ist die Eindringtiefe des flüssigen Kraftstoffs aufgrund der erhöhten Verdampfungsrate zwar unabhängig vom Raildruck konstant, aber die Eindringtiefe der Gasphase nimmt mit steigendem Raildruck zu. Je höher also der Einspritzdruck, desto weiter außen an der Zylinderwand stellt sich das zündfähige Gemisch ein [32].

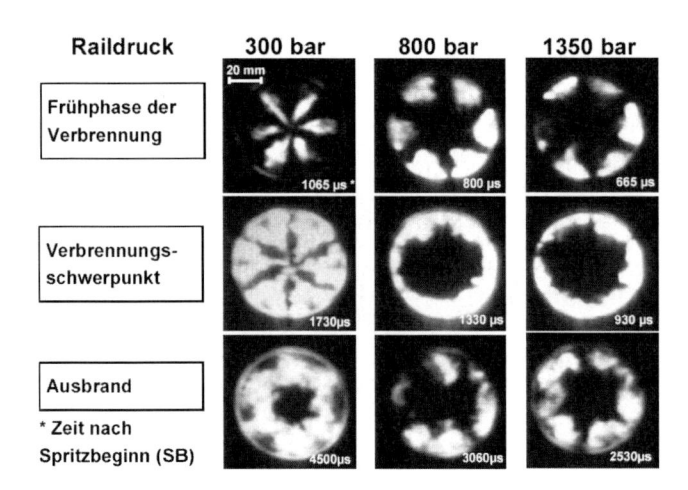

Abb. (4.1.2): Verbrennungsablauf bei unterschiedlichen Raildrücken [32]

In Abb. (4.1.2) lässt sich dies sehr deutlich erkennen. Mit zunehmendem Raildruck verschiebt sich die Initialisierung der Verbrennung nach außen an den Rand des Brennraums. Der Verbrennungsschwerpunkt wird ebenfalls in Richtung Kammerwand verlagert. Mit steigendem Raildruck sinkt die Verbrennungsdauer aufgrund der verbesserten Gemischbildung.

4.2 Verbrennungsablauf

Für die dieselmotorische Verbrennung ist die Inhomogenität des Kraftstoff-Luft-Gemischs charakteristisch. Nach dem oben beschriebenen Zündverzug laufen Gemischbildung und Verbrennung simultan ab.
Der Ablauf der Verbrennung ist sehr komplex und deshalb bis heute nicht vollständig verstanden.

Man kann den Verbrennungsablauf in drei Bereiche einteilen [4]:

1. Bereich: Vorgemischte oder Premixed Verbrennung

2. Bereich: Hauptverbrennung

3. Bereich: Nachverbrennung

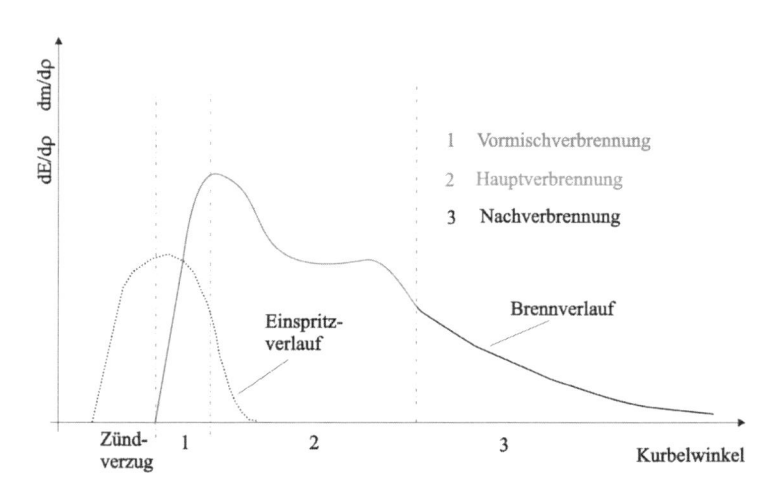

Abb. (4.2.1): Einteilung des Brennverlaufs in 3 Bereiche [4]

4.2.1 Premixed Verbrennung

Während der oben eingezeichneten Zündverzugszeit mischen sich Kraftstoff und komprimierte Luft im Brennraum und chemische Vorreaktionen finden statt. Es bilden sich Bereiche mit nahezu homogenem, zündfähigem Gemisch. Dieses Gemisch zündet mit sehr hohem Druckanstiegsgradienten $dp/d\varphi$, da die Durchbrenngeschwindigkeit nur von der

Geschwindigkeit der chemischen Reaktionen bestimmt wird (chemisch kontrolliert). Der schnelle Druckanstieg ist verantwortlich für das typische, harte Geräusch des Dieselmotors ("Dieselnageln"). Der Druckanstieg kann unter anderem durch Veränderung des Einspritzzeitpunktes beeinflusst werden. Durch frühen Einspritzbeginn wird die Vormischung verbessert, was zu einem höheren Druckanstiegsgradienten führt. Je später der Spritzbeginn, desto "weicher" ist die Verbrennung, da die Zeitspanne, die der Vermischung von Kraftstoff und Gas zur Verfügung steht bis die Umgebungsbedingungen eine Zündung einleiten, kleiner ist.

Ein weiterer entscheidender Einflussfaktor ist der Drall. Je kleiner der Drall im Zylinder, desto geringer die Durchmischungsgeschwindigkeit. In Motoren mit niedrigem Drall ist der Premixed-Anteil an der Verbrennung gering.

Ein hoher Premixed-Anteil (und damit ein hoher Druckanstiegsgradient) der Verbrennung wird also durch folgende Umstände begünstigt:

- langer Zündverzug z. B. durch frühen Spritzbeginn

- starken Drall, der die Durchmischung beschleunigt

Um die Vormischverbrennung zu reduzieren und damit die Geräuschemissionen zu senken wird versucht, die eingespritzte Kraftstoffmenge während der Zündverzugszeit möglichst gering zu halten. Dies wird durch eine kleine Voreinspritzmenge, die von der Haupteinspritzung getrennt ist, realisiert. Die Voreinspritzmenge ist gering, dadurch ist auch der Premixed-Anteil niedrig und die Kraftstoffmenge der Haupteinspritzung wird sofort entzündet (siehe Kapitel 5.1) [4], [1].

4.2.2 Hauptverbrennung

Kraftstoff, der nach erfolgter Zündung in den Brennraum eindringt, wird sofort und quasi ohne Zündverzug entzündet, sofern er genug Sauerstoff zur Verfügung hat. Nach der chemisch kontrollierten Premixed-Verbrennung ist die Hauptverbrennung nun mischungskontrolliert, d.h. die chemischen Vorgänge der Verbrennung sind schnell im Vergleich zu den parallel ablaufenden Mischungsvorgängen von Kraftstoff und Luft. Vor allem in der Strahlmitte steht trotz der hohen Temperaturen am Anfang nicht genug Sauerstoff für eine Verbrennung zur Verfügung. Man spricht deshalb von der mischungskontrollierten Haupt- oder Diffusionsverbrennung, bei der die Verbrennung in den verschiedenen Strahlbereichen in dem Moment einsetzt, indem ein ausreichend günstiges Luft-Kraftstoff-Gemisch vorliegt. Am Ende der Hauptverbrennung wird die maximale Brennraumtemperatur erreicht [4], [1].

4.2.3 Nachverbrennung

Je weiter die Verbrennung fortgeschritten ist, desto niedriger sind Druck und Temperatur. Im Bereich der sogenannten Nachverbrennung gegen Ende des Verbrennungsvorgangs ist die Chemie aufgrund der ungünstigen Umgebungsbedingungen langsam im Vergleich zu den Diffusionsvorgängen zwischen Kraftstoff und Luft, man spricht deshalb von einer reaktionskinetisch kontrollierten Verbrennung. Es werden bis dahin unverbrannter Kraftstoff sowie vorher gebildete Verbrennungsprodukte weiteroxidiert. Ungefähr 90 % des in der vorangegangenen Verbrennungsphase gebildeten Ruß wird wieder abgebaut.

4.3 Schadstoffbildung

Aufgrund der immer strengeren Abgasvorschriften wird versucht, innermotorisch den Schadstoffausstoß zu senken. Um dieses Ziel zu erreichen, ist es unumgänglich, sich mit den Entstehungsmechanismen der Schadstoffe, die bei der dieselmotorischen Verbrennung entstehen, auseinander zu setzen. Das folgende Kapitel beschreibt die chemischen Vorgänge, die zu deren Bildung führen.

4.3.1 Stickoxide

Bei der Verbrennung von Kohlenwasserstoffen entstehen Stickoxide (NO_x), hauptsächlich Stickstoffmonoxid NO, das unter atmosphärischen Bedingungen nahezu vollständig zu Stickstoffdioxid (NO_2) umgewandelt wird. NO ist ein starkes Blutgift, aus NO_2 entsteht unter Sonneneinstrahlung bodennahes Ozon. Für die Entstehung von NO bei der dieselmotorischen Verbrennung ist neben der Bildung bei niedrigen Temperaturen über den sog. Fenimore-Mechanismus und der Bildung aus Stickstoffanteilen im Brennstoff hauptsächlich (zu 90 %) die thermisch gesteuerte NO-Entstehung nach Zeldovich verantwortlich.

Der Zeldovich-Mechanismus läuft im Bereich hinter der Flammenfront ab und besteht aus den drei Elementarreaktionen

$$(1)\ \dot{O}+N_2 \overset{k_1}{\leftrightarrow} NO+\dot{N}$$

$$(2)\ \dot{N}+O_2 \overset{k_2}{\leftrightarrow} NO+\dot{O}$$

$$(3)\ \dot{N}+OH \overset{k_3}{\leftrightarrow} NO+\dot{H}$$

Gl. 4.1

Die Geschwindigkeitskonstante k_1 der ersten Reaktion ist aufgrund der starken N_2 Dreifachbindung wesentlich niedriger als die Konstanten k_2 und k_3 der Folgereaktionen. Deshalb bestimmt die Geschwindigkeitskonstante der ersten Reaktion die Entstehung von NO, da die Folgereaktionen im Vergleich zu Reaktion (1) quasi ohne Verzögerung ablaufen. Die Konstante k_1 ist stark temperaturabhängig, z. B. steigt die Menge des gebildeten NO durch eine Temperaturerhöhung von 2000 auf 2400 K um das fast 50-fache. Wegen dieser starken Temperaturabhängigkeit spricht man von der Bildung von thermischem NO [4]. Bei direkteinspritzenden Dieselsystemen sind hohe Druckgradienten und als Folge hohe Spitzentemperaturen für die vermehrte Bildung von Stickoxiden verantwortlich. Diese treten dann auf, wenn sich eine große Menge an homogenem Kraftstoff-Luft-Gemisch vor Einsetzen der Zündung bildet. Gründe hierfür können ein langer Zündverzug als auch ein guter Strahlaufbruch mit einhergehender guter Gemischbildung bei Spritzbeginn sein [4].

4.3.2 Partikelbildung

Unter Partikeln bei der motorischen Verbrennung versteht man die sich in einem genormten Filter sammelnden Stoffe des Abgases unter Anwendung eines bestimmten Verfahrens. Im Abgas von Dieselmotoren befinden sich zu 95 % organische Partikel wie PAK und Ruß. Die restlichen 5 % setzen sich aus Rostpartikeln, Metallspänen,

keramischen Fasern, Aschen von Öladditiven und dergleichen zusammen. Die Entstehung von PAK (Polyzyklische aromatische Kohlenwasserstoffe) wird heute durch 2 Hypothesen beschrieben, der Acetylen- und der Ionen-Hypothese, die beide auf der Reaktion von Ethin (C_2H_2) beruhen [4].
Die Acetylen Hypothese erklärt die Entstehung von Benzolringen durch den Zusammenschluss von mehreren Ethinmolekülen (Acetylen, C_2H_2) unter Anlagerung von H-Atomen und Abspaltung von H_2. Dies ist auf zwei unterschiedlichen Reaktionswegen möglich.
Nach der Ionen-Hypothese schließen sich die Ethin-Moleküle zuerst mit CH und CH_2 zu C_3H_3 Ionen zusammen. Zwei C_3H_3 Ionen bilden durch Umlagerung zweier H-Atome einen Benzolring.
Die PAK wachsen zu immer größer werdenden Konglomeraten an. Ab einer gewissen Größe, im allgemeinen, wenn die PAK nicht mehr in einer Ebene angeordnet sind, spricht man von Ruß [4].
Ruß wird bei der dieselmotorischen Verbrennung hauptsächlich in Zonen mit lokalem Luftmangel ($\lambda < 0,6$) und Temperaturen von 1500 bis 1900 K gebildet.

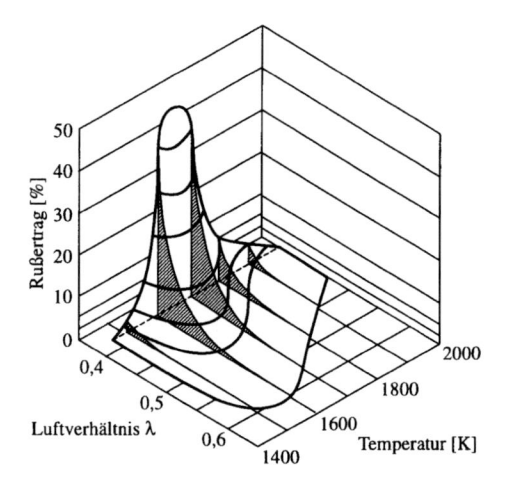

Abb. (4.3.1): Rußertrag in Abhängigkeit von Luftverhältnis und Temperatur [4]

In Abb. (4.3.1) ist die entstehende Rußmenge in Abhängigkeit von Luftverhältnis und Temperatur dargestellt. Die genauen chemischen und physikalischen Vorgänge der Rußbildung sind bis heute nicht endgültig verstanden, da während des Verbrennungsvorgangs wesentlich mehr Ruß gebildet wird als in den Abgasen nachgewiesen werden kann. Der Grund hierfür liegt darin, dass bei Verbrennungsbeginn in den oben beschriebenen fetten Gebieten vermehrt Ruß entsteht, der aber wiederum mit fortschreitender Verbrennung abgebrannt (oxidiert) wird. Man kann deshalb grundsätzlich sagen, dass durch eine verbesserte Durchmischung unter Vermeidung ungünstiger, fetter Bereiche die Bildung von Ruß gehemmt wird. Bei Senkung der Temperatur im Brennraum wird die Bildung ebenfalls vermindert, allerdings reduziert sich der temperaturgesteuerte Rußabbrand ebenso, was wiederum zu einem erhöhten Partikelausstoß führen kann.

Beim Versuch der innermotorischen Schadstoffreduzierung stellt die sog. NO_x-Ruß-Problematik die größte Hürde dar. Wie oben beschrieben ist die Bildung der Stickoxide stark thermisch abhängig. Deshalb wäre es wünschenswert, die Spitzentemperaturen im Brennraum niedrig zu halten, also unter 2000 K, da hier die Basisreaktion der Stickoxidentstehung noch langsam ist. Dies wiederum führt aber zu einer höheren Rußbildung. Wie in Abb. (4.3.1) zu sehen ist liegt nämlich die Temperatur mit der höchsten Bildungsrate im Bereich von 1500 bis 1900 K.
Dies bedeutet, dass man sich beim Versuch der Schadstoffreduzierung auf der sog. NO_x-Ruß-Schere (Abb. 4.3.2) entlangbewegt.

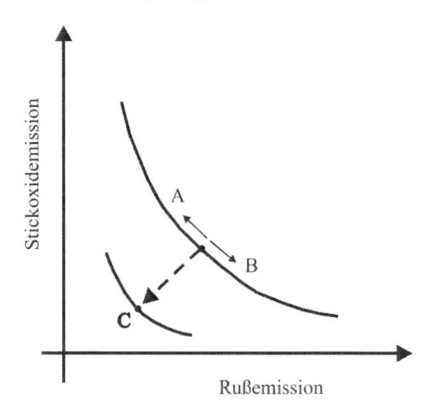

Abb. (4.3.2): NO_x-Ruß- Schere [4]

Senkt man die Bildungsrate des einen Schadstoffes, erhöht sich die des anderen
(entweder Weg A oder B). Deshalb ist es notwendig, mit Hilfe einer Kombination von Maßnahmen aus diesem Zielkonflikt auszubrechen, d. h. das Ziel ist das Erreichen von Punkt C im NO_x-Ruß-Konflikt.

5. Innermotorische Schadstoffsenkung durch Mehrfacheinspritzung und Einspritzverlaufsformung

Um das Ziel der Schadstoffminimierung bei vertretbaren Kosten und Aufwand zu erreichen wird seit einigen Jahren versucht, bei Dieselmotoren innermotorisch eine befriedigende Lösung zur Senkung des Stickoxid- und Rußausstoßes zu finden und den oben beschriebenen NO_x-Ruß-Konflikt zu entschärfen. Alle zusätzlichen, außermotorischen Maßnahmen wie Speicherkatalysatoren, Wassereinspritzung etc. sind sehr kostenintensiv und aufwendig.

Als erfolgversprechendes Forschungsgebiet haben sich hierbei die Bereiche der geteilten Einspritzung sowie der Einspritzverlaufsformung hervorgetan.

Die dabei untersuchten Verlaufsformen und Potentiale zur Schadstoffminimierung werden in den folgenden Kapiteln erläutert.

5.1 Potential der Voreinspritzung

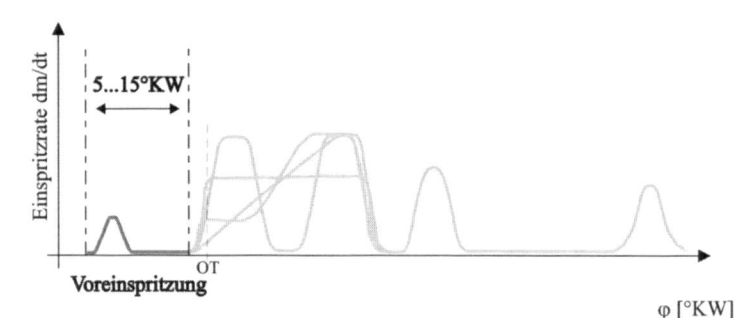

Abb. (5.1.1): Qualitativer Verlauf der Einspritzrate der Voreinspritzung

Bei der Voreinspritzung wird vor der Haupteinspritzmenge eine geringe Menge (ca. 5-10 %) Kraftstoff in den Brennraum eingebracht. Dadurch kann die Druckanstiegsgeschwindigkeit der Premixedverbrennung (siehe Kapitel 4.2) gesenkt werden. Grund hierfür ist die kürzere Zündverzugszeit der Haupteinspritzmenge. Sie führt dazu, dass der Anteil der durch Raucharmut gekennzeichneten vorgemischten Verbrennung abnimmt. Als Folge dessen steigt die Rauchemission bei sinkender Stickoxidemission, da die Temperatur der Vormischverbrennung mit Voreinspritzung niedrigere Spitzenwerte aufweist [21], [18].

Bei Steigerung der Voreinspritzmenge konnte [18] beobachten, dass nach der oben beschriebenen Abnahme der NO_x-Emission bei kleiner Voreinspritzmenge ab einem spezifischen Wert, welcher abhängig vom Hubvolumen ist, die Emissionen sowohl von Schwarzrauch als auch der Stickoxide zunehmen. Dies führt er darauf zurück, dass die Voreinspritzung ab einer bestimmten Einspritzmenge in eine vorgelagerte

Haupteinspritzung mit hohen Temperaturen übergeht, gleichzeitig aber der Zündverzug durch die steigende Einspritzmenge abnimmt [18].
Nach [18] steigt der Zündverzug mit fallender Voreinspritzmenge. Er führt dies auf die starke Drosselwirkung im Nadelsitzbereich, die zu einer schlechteren Kraftstoffaufbereitung führen soll. Dies deckt sich nicht mit den allgemeinen Forschungsergebnissen über den Einfluss von geringem Nadelhub auf Kavitation und Gemischbildung (siehe Kapitel 3.1).
[21] hat sich bei seinen Untersuchungen über den Einfluss der Voreinspritzmenge auf Ruß, NO_x, CO und HC Ausstoß auf einen Bereich bis maximal 75 % Last beschränkt. Als Begründung führt er den größeren Vormischanteil bei niederer Last an, der auf die niedrigere Brennraumtemperatur zurückzuführen ist. Bei seinen Untersuchungen an einem 2,1 L Einzylindermotor mit Common Rail Einspritzanlage und Solenoidinjektor erfasste [21] die Abhängigkeit von Ruß, NO_x, CO und HC von Voreinspritzmenge und Distanz zwischen Vor- und Haupteinspritzung. Die Gesamteinspritzmenge wurde für jeden Lastpunkt konstant gehalten. Er stellte starke Unterschiede der NO_x- und Russemissionen fest ohne eine eindeutige Tendenz erkennen zu können. Trotz konstant gehaltener Voreinspritzmenge nimmt z. B. der Russaustoß mit steigendem Abstand zwischen Vor- und Haupteinspritzung erst zu, dann ab und wieder zu (Abb. (5.1.2)).

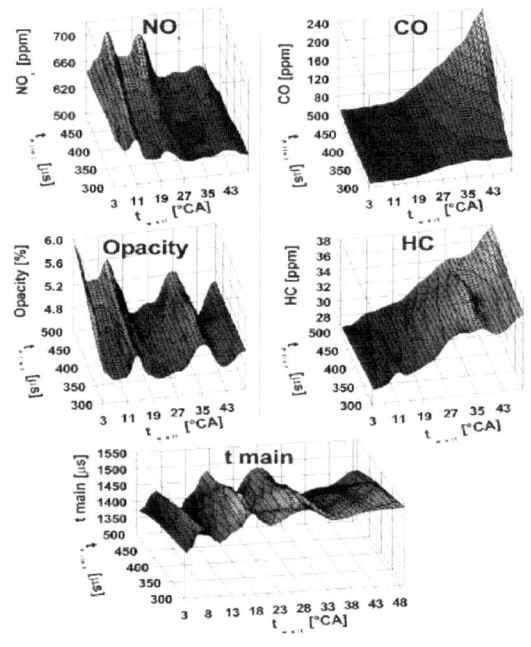

Abb. (5.1.2): Einfluss der Voreinspritzung. 2 L Einzylinderaggregat, Drehzahl 1460 1/min, 50 % Last, Raildruck 500 bar. Variation des Abstands Vor- zu Haupteinspritzung zwischen 3 und 5 °KW sowie der Voreinspritzmenge zwischen 300 und 500 µs Bestromungsdauer [21]

Als Grund für dieses Verhalten gibt [21] einen mechanischen Einfluss der Voreinspritzung auf die Haupteinspritzung an. Die Voreinspritzung erzeugt beim Schließen der Nadel eine Druckwelle, die vom Injektor in das Rail läuft und dadurch starke Druckschwankungen verursacht (hier 100 - 150 bar). Diese Druckschwankungen, die zu unregelmäßigen NO_x- und Russwerten führen, sind stark vom jeweiligen Einspritzsystem abhängig. Bei Variation der voreingespritzten Menge und damit verbundener Veränderung des Vormischanteils bestätigte [21], dass sich eine Piloteinspritzung positiv auf die Geräuschreduktion auswirkt. Ebenfalls bestätigte er, dass sich die NO_x- und Russemisionen durch Voreinspritzung zumindest für mittlere und hohe Last nicht senken lassen. Bei kleiner Last (25 %) konnte er eine leichte Abnahme des NO_x Anteils bei konstantem Russausstoß im Vergleich zu einer Einzeleinspritzung beobachten. [21] konnte im Gegensatz zu anderen Veröffentlichungen ([18], [22]) nicht feststellen, dass der Abstand zwischen Vor- und Haupteinspritzung möglichst klein sein muss um die besten Ergebnisse bezüglich Geräuschreduktion in Verbindung mit konstanten Schadstoffemissionen zu erhalten. Ebenfalls konnte er nicht bestätigen, dass die Voreinspritzmenge möglichst gering sein soll. Bei vielen last- und einspritzdruckabhängigen Messungen ergab eine Voreinspritzung von 3 % der Hauptmenge den günstigsten Wert der Geräuschverminderung bei gleichen Emissionen und Brennstoffverbrauch obwohl auch Mengen von 1 % darstellbar waren. Die Senkung der Stickoxidemission lässt sich auf die niedrigere Temperatur im Vergleich zur Einzeleinspritzung zurückführen. Die höheren Russwerte führt [21] wie auch [18] und [30] auf die Verminderung der Vormischverbrennung zu Gunsten der Diffusionsverbrennung zurück.

5.2 Potential der geteilten Haupteinspritzung

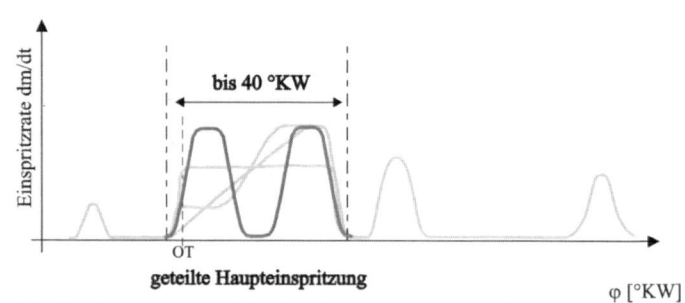

Abb. (5.2.1): Qualitativer Verlauf der Einspritzrate der geteilten Haupteinspritzung

Unter einer geteilten Haupteinspritzung versteht man die Aufteilung der Haupteinspritzmenge auf zwei oder mehr Teilmengen, die während einer Dauer von bis zu 40 °Kurbelwinkel in den Brennraum eingebracht werden. Bei der geteilten Haupteinspritzung können die Einspritzmengen symmetrisch (50 % : 50 %, 33 %: 33% : 33% usw.) oder unsymmetrisch (z. B. 30 % : 70%, 60 % : 40 %...) eingebracht werden.

[52] hat 7 verschiedene Einspritzverläufe mit unterschiedlichen Einspritzzeitpunkten an einem aufgeladenen 2,7 L Nutzfahrzeugeinzylinder untersucht. Davon waren drei Einzeleinspritzungen, zwei Doppeleinspritzungen und zwei Tripleeinspritzungen.
Die Untersuchungen fanden bei einer Last von 75 % statt, da in diesen Bereichen höherer Last das größte Potential zur Absenkung der NO_x- und Russemissionen durch Mehrfacheinspritzung vermutet wird.

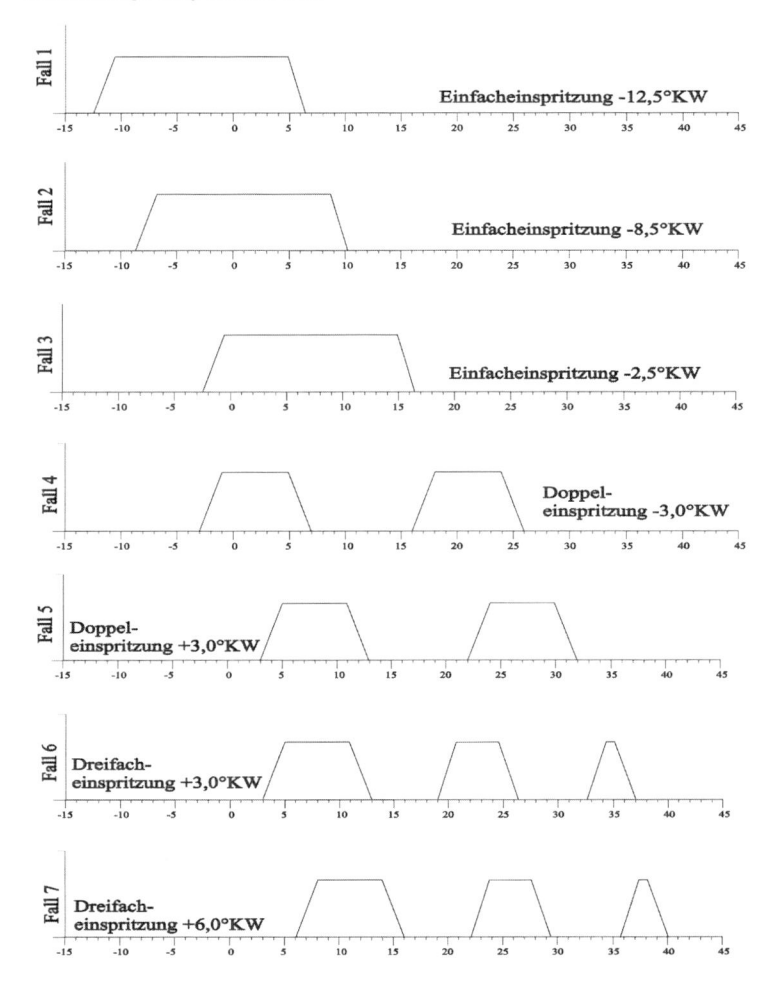

Abb. (5.2.2): Untersuchte Einspritzverläufe mit 75 % Last [52]

In allen verschiedenen Einspritzverläufen wurde die gleiche Gesamtmenge Kraftstoff eingespritzt. Beim Vergleich der drei verschiedenen Einzeleinspritzungen bestätigte sich die NO_x-Russ-Problematik (Kapitel 4.3.).

Je früher der Einspritzbeginn, desto länger ist der Zündverzug. Dies führt zu einer intensiveren Vormischverbrennung aufgrund der besseren Luft-Kraftstoffdurchmischung. Als Folge des höheren Premixed Anteils in Verbindung mit der höheren Verdichtungszunahme steigen die Wärmefreisetzung und Temperatur mit nach "Früh" verschobener Einspritzung (Abb. 5.2.3 und 5.3.4).

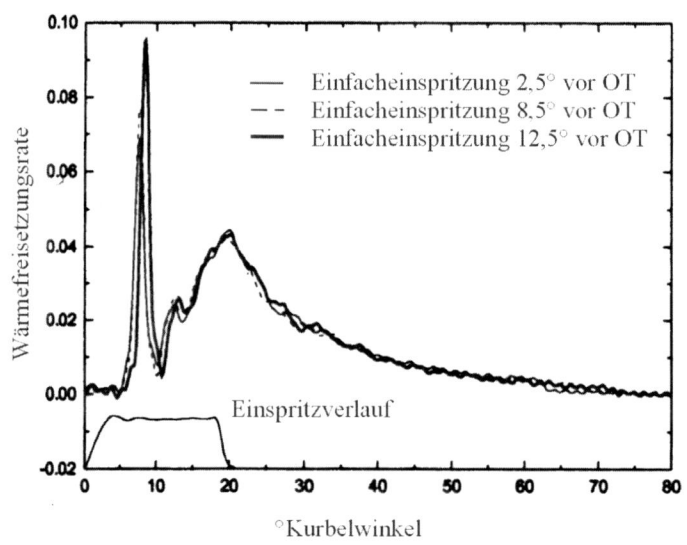

Abb. (5.2.3): Vergleich der Wärmefreisetzungsrate einer Einzeleinspritzung mit unterschiedlichem Spritzbeginn [52].

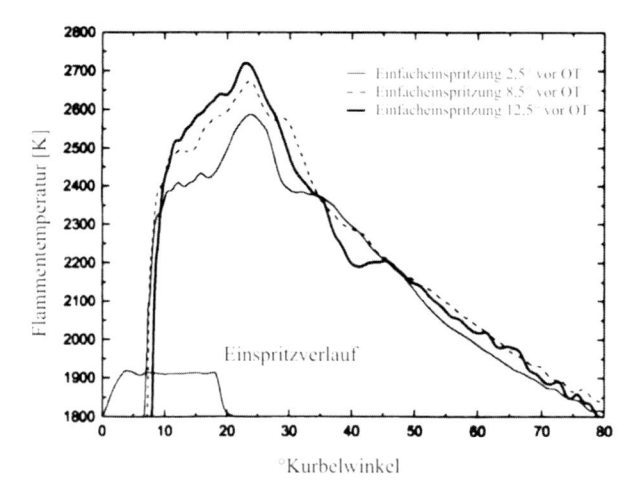

Abb. (5.2.4): Vergleich der Flammentemperatur einer Einzeleinspritzung mit unterschiedlichem Spritzbeginn [52].

Es ist deutlich zu erkennen, dass die Verbrennungstemperatur bei der frühsten Einspritzung (12,5 °KW v. OT) sehr viel höher liegt als in den Fällen späteren Spritzbeginns. Dadurch wird wesentlich mehr thermisches NO gebildet (siehe Kapitel 4.3). Die Spitzentemperaturen werden direkt nach Einspritzende erreicht, dies ist laut [52] darauf zurückzuführen, dass nach Einspritzende der Lufteintrag in den Kraftstoff verbessert ist und dadurch die Gemischbildung unterstützt wird. Nachteile der späten Einspritzung mit niedrigen Stickoxidemissionen sind der höhere Kraftstoffverbrauch und der erhöhte Russausstoß. Als Grund hierfür gibt [52] den aufgrund des nach "Spät" verschobenen Einspritzzeitpunkts kürzeren Zündverzug an. Dieser ist verantwortlich für eine schlechtere Durchmischung und damit ineffektivere Verbrennung. Außerdem vermindern die niedrigeren Temperaturen am Verbrennungsende den in Kapitel 4.3 beschriebenen Russabbrand.

Abb. (5.2.5) belegt die sogenannte NO_x-Ruß Problematik, je kleiner der Stickoxidausstoß desto größer die Russemissionen.

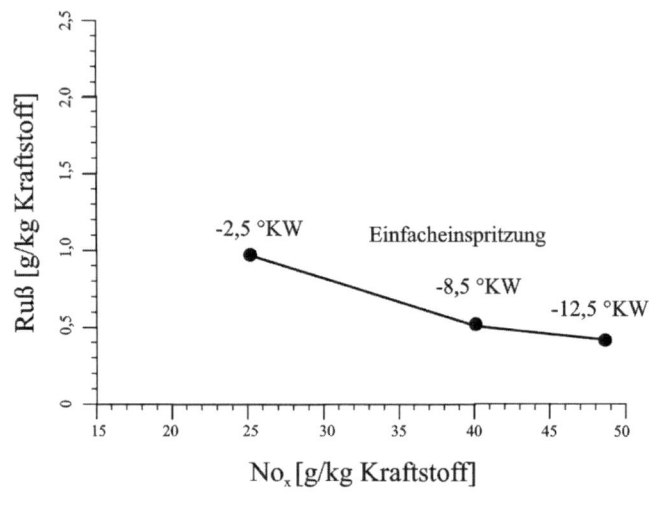

Abb. (5.2.5): NO_x-Ruß Trade-off der Einzeleinspritzung [52]

Um dieses Problem zu umgehen, kann man die Haupteinspritzung in 2 Einspritzvorgänge mit einer Einspritzpause von einigen °Kurbelwinkel (bei [52] 9°; siehe Fall 4 und 5) aufteilen.
Die nach [52] zu erreichenden NO_x-Ruß Werte sind in Abb. (5.2.6) dargestellt.

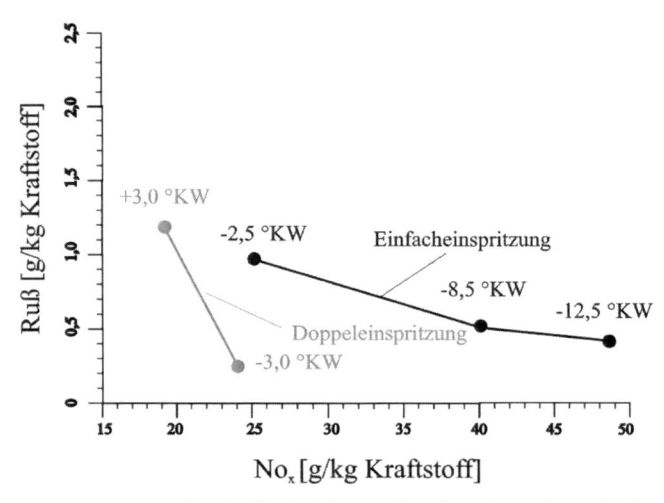

Abb. (5.2.6): NO_x-Ruß Trade-off mit Doppeleinspritzung [52]

Nachteil der geteilten Haupteinspritzung gegenüber einer Einzeleinspritzung ist der um 3 % höhere Kraftstoffverbrauch.

Bei einer Einzeleinspritzung ohne Unterbrechung geht die chemisch kontrollierte Premixedverbrennung direkt in eine Diffusionsverbrennung über. Bei einer Einspritzpause hingegen wird die Premixedverbrennung von der Diffusionsverbrennung getrennt. Der meiste Kraftstoff wurde bereits verbrannt, bevor das zweite Mal eingespritzt wird. Die zweite Einspritzmenge verbrennt ausschließlich als Diffusionsflamme, der Kraftstoff wird sofort an den heißen Gasen der vorangegangenen Einspritzung ohne nennenswerten Verzug und Zeit zum Durchmischen entzündet.

Die Vorteile der Spliteinspritzung kann man gut am Vergleich der Flammentemperaturen der Einzel- und der Doppeleinspritzung sehen (Abb. (5.2.7)).

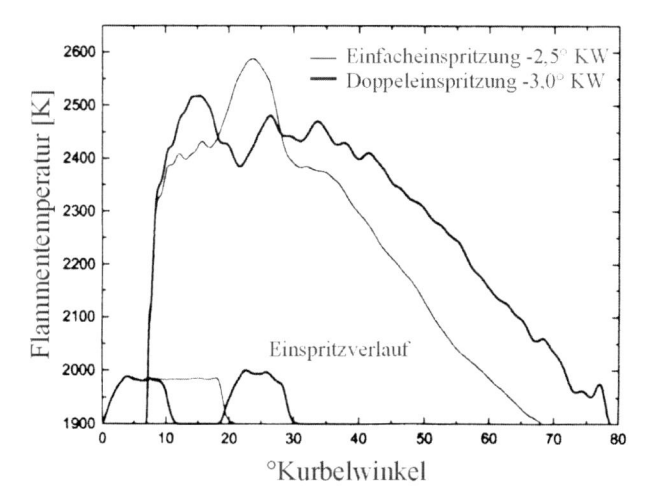

Abb. (5.2.7): Vergleich der Flammentemperatur einer Einzeleinspritzung mit einer Doppeleinspritzung [52]

Die Temperatur der geteilten Einspritzung steigt auf ihren Maximalwert nach Ende des ersten Einspritzvorgangs bei 10 °Kurbelwinkel. Grund ist der verbesserte Lufteintrag. Der Strahlkern wird nach dem Einspritzende von hinten mit heißer Brennraumluft durchsetzt und es entsteht so ein Gemisch, das ohne nennenswerten Zündverzug durchzündet und die höchsten Flammentemperaturen erreicht. Der gleiche Effekt ist bei der Einfacheinspritzung zu erkennen, hier wird die höchste Temperatur ebenfalls direkt nach Einspritzende bei ca. 20 °Kurbelwinkel erreicht. Sie liegt allerdings ca. 100 K höher und unterstützt dadurch die Stickoxidentstehung. Die Einzeleinspritzung sorgt durch den längeren ununterbrochenen Kraftstoffnachschub für eine niedere Verbrennungsintensität im kraftstofffreien Strahlkern, was zu einer starken Russentstehung führt (Abb. (5.2.8)).

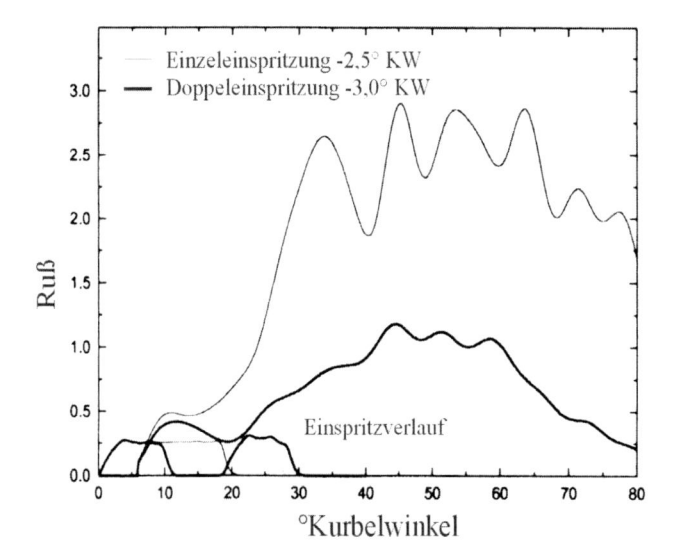

Abb. (5.2.8): Vergleich der Rußemission einer Einzeleinspritzung mit einer Doppeleinspritzung [52]

Durch die zweite Einspritzung wird die Russoxidation auch bei späten °Kurbelwinkel unterstützt. Der Schlüssel zur Russreduktion bei gleichzeitiger Senkung der Stickoxidemission durch gesplittete Einspritzung ist die Erhöhung der durchschnittlichen Brennraumtemperatur bei gleichzeitiger Senkung der Maximaltemperatur, da dies die Russoxidation verbessert und durch die niedrigeren Spitzentemperaturen der thermisch stark abhängigen Stickoxidentstehung entgegengewirkt wird [52].

Um die Russemission noch weiter zu reduzieren untersuchte [52] die Auswirkungen von Tripleeinspritzungen (Fall 6 und 7). Durch Aufsplitten der zweiten Einspritzmenge von Fall 5 (Doppeleinspritzung mit Spritzbeginn bei + 3 °KW) konnte eine ähnlich niedrige Stickoxidemission wie bei der Doppeleinspritzung bei + 3 °KW erreicht werden, aber der Russausstoß wurde auf den Wert der Doppeleinspritzung mit Spritzbeginn bei - 3 °KW (Fall 4) minimiert (Abb. (5.2.9)).

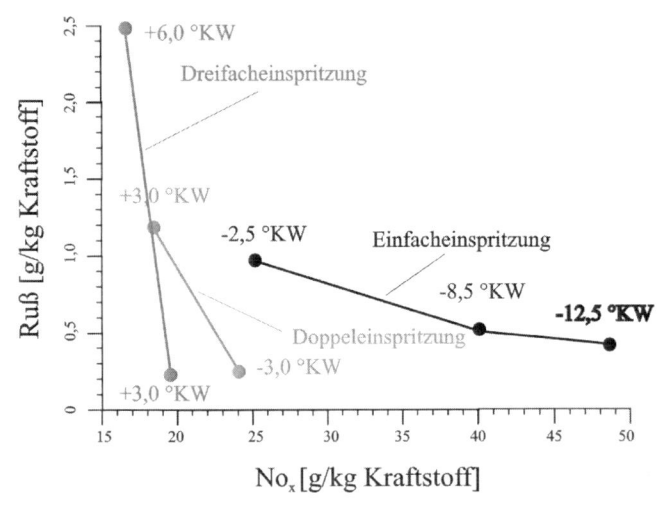

Abb. (5.2.9): NO_x-Ruß Trade-off von Einzel- Doppel- und Dreifacheinspritzung [52]

Abb. (5.2.10) zeigt exemplarisch den Vergleich der beiden Flammentemperaturen der Doppel und der Dreifacheinspritzung mit gleichem Einspritzbeginn bei +3,0 °Kurbelwinkel.

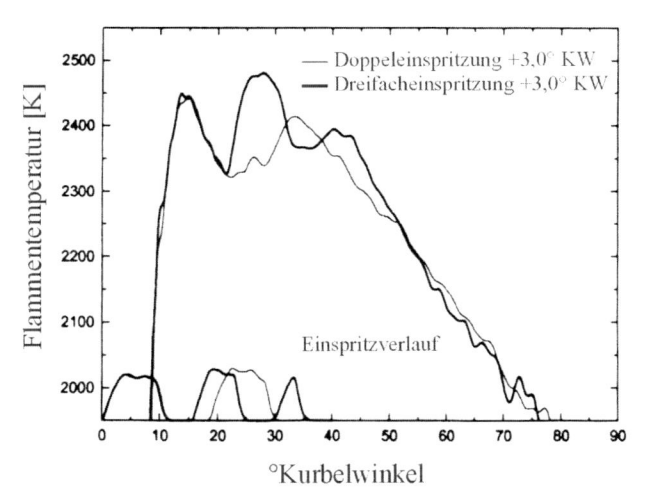

Abb. (5.2.10): Vergleich der Flammentemperatur von Doppel- und Dreifacheinspritzung [52]

Die zweite Einspritzmenge wurde bewusst in Richtung "früh" verschoben. Dadurch wird gezielt in die heißen Gase der ersten Verbrennung eingespritzt und es erfolgt eine direkte Zündung mit schneller Verbrennung. Dadurch ergibt sich ein schneller, starker Temperaturanstieg mit einer Temperaturerhöhung von 150 K welche den Russabbrand unterstützt.

Im Vergleich dazu wird bei der Doppeleinspritzung in eine vergleichsweise ungünstige Umgebung eingespritzt, wobei durch den verzögerten Verbrennungsbeginn und den niedrigeren Temperaturanstieg die Russoxidation schlechter ist. Abb. (5.2.11) zeigt die Russmenge über dem Kurbelwinkel.

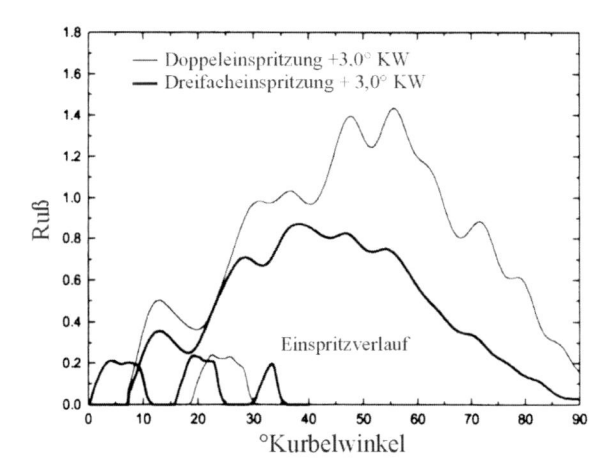

Abb. (5.2.11): *Vergleich der Rußemission von Doppel- und Dreifacheinspritzung [52]*

Es ist zu erkennen, dass die gravierenden Unterschiede bei der Russentstehung mit der zweiten Einspritzhälfte beginnen. Durch die Einspritzpause der Dreifacheinspritzung wird der Russabbrand gegen Ende der Verbrennung durch die höhere Flammentemperatur unterstützt. In Abb. (5.2.9) ist das große Potential der Dreifacheinspritzung im Vergleich zum Basisfall und zur Doppeleinspritzung zu erkennen, allerdings erfordert eine dreifach geteilte Einspritzmenge eine sehr genaue Einspritzparameterwahl. Eine Verschiebung des Einspritzbeginns um 3 °KW nach "Spät" hat einen um das Zehnfache höheren Russausstoß zur Folge [52].

An einem 300 ccm Einzylinder-Versuchsmotor hat [18] die Auswirkungen der geteilten Haupteinspritzung auf den NO_x-Russ-Trade-off untersucht.
Hierzu verglich er eine Einfach-Einspritzung mit zwei verschiedenen Splitt-Einspritzungen unterschiedlicher Aufteilung. Die Mengen betrugen 30 zu 70 und 60 zu 40 Prozent.

Die Ergebnisse sind in Abb.(5.2.12) und (5.2.13) zu sehen.

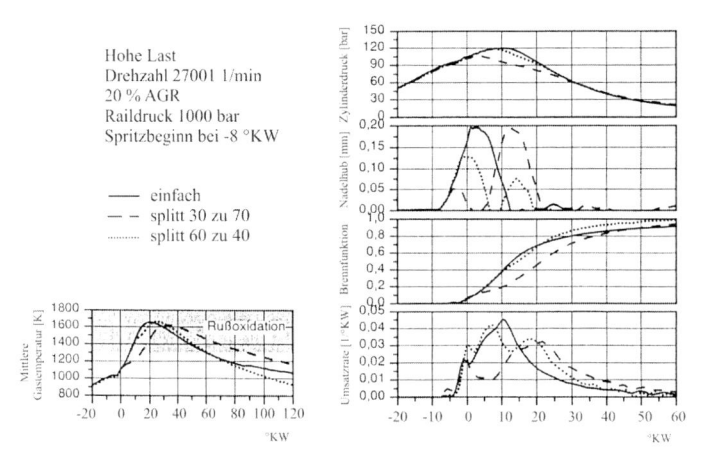

Abb. (5.2.12): Vergleich Haupteinspritzung mit Splitteinspritzung 30 zu 70 % und 60 zu 40 % der Einspritzmenge [18]

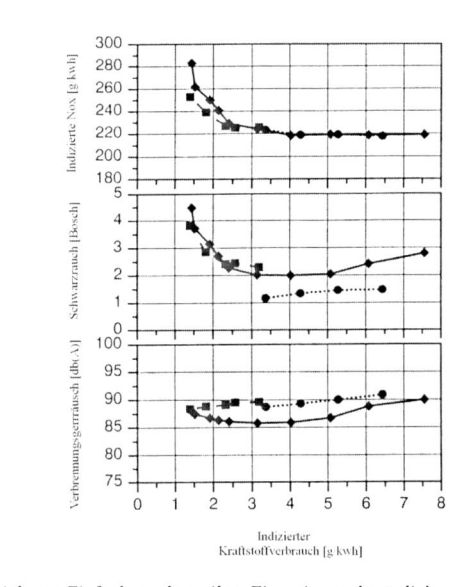

Abb. (5.2.13): Vergleich von Einfach- und geteilter Einspritzung bezüglich Geräusch, Stickoxidemission und Rußausstoß in Abhängigkeit des Brennstoffverbrauchs [18].

5. Innermotorische Schadstoffsenkung durch Mehrfacheinspritzung und Einspritzverlaufsformung

Die Splitteinspritzung mit 30 zu 70 % Aufteilung hat trotz des verschobenen Umsatzschwerpunktes (50 % der Brennfunktion) keinen signifikanten Einfluss auf die Schadstoffentstehung. Das Verbrennungsende (90 % der Brennfunktion) ist nahezu identisch mit dem der Einzeleinspritzung. Es wurde von [18] lediglich ein leichter Rückgang des Verbrennungsgeräusches beobachtet (Abb. (5.2.13)).
Im Gegensatz dazu kann man durch die 60 zu 40 Aufteilung eine deutliche Brenndauerverkürzung feststellen. Die Russemissionen sinken bei gleichem Stickoxidausstoß.
Die Russsenkung erklärt [18] alleine durch den geänderten Verbrennungsverlauf. Er sieht keine Ursache für diese Abnahme in einer eventuell verbesserten Russoxidation. Als Grund führt er an, dass nennenswerte Russoxidation erst bei einer Temperatur oberhalb von 1300 K einsetzt. Die 30 zu 70 Einspritzung verweilt jedoch - wie in Abb. (5.2.12) zu sehen - wesentlich länger in diesem, den Russabbrand begünstigenden, Bereich. Die höhere Russproduktion müsste dadurch laut [18] wieder ausgeglichen werden.

Das Potenzial der geteilten Haupteinspritzung ist ebenfalls Bestandteil der Untersuchungen von [21].
Als Grundlage diente ein 2,1 L Einzylinderaggregat. Die gefahrenen Einspritzverläufe sind in Abb. (5.2.14) zu sehen.

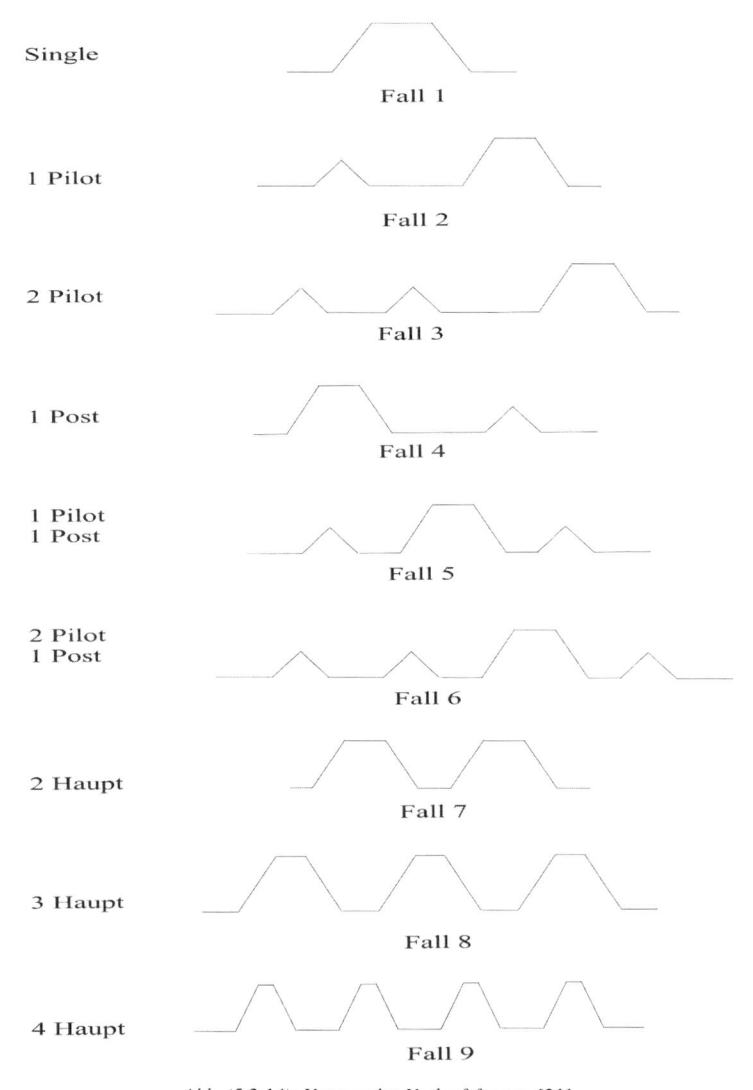

Single	Fall 1
1 Pilot	Fall 2
2 Pilot	Fall 3
1 Post	Fall 4
1 Pilot 1 Post	Fall 5
2 Pilot 1 Post	Fall 6
2 Haupt	Fall 7
3 Haupt	Fall 8
4 Haupt	Fall 9

Abb. (5.2.14): Untersuchte Verlaufsformen [21]

Aufgrund der längeren Zeitspanne, die für die Einspritzung zur Verfügung steht, wurden die Untersuchungen nur im unteren und mittleren Last- und Drehzahlbereich durchgeführt, was die Vergleichbarkeit mit den Ergebnissen von [52] relativiert.

Es wurden von [21] keine wesentlichen Vorteile der geteilten Haupteinspritzung (Fall 7, 8, 9) gegenüber einer Einzeleinspritzung (Fall 1) festgestellt. Die spezifischen Verbrauchswerte als auch der NO_x-Ruß Trade-Off bewegen sich in ähnlichen Bereichen (Abb. 5.2.15).

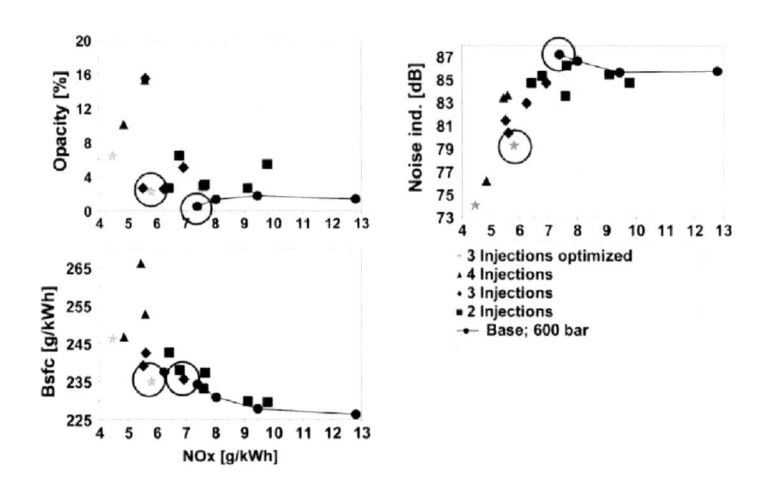

Abb. (5.2.15): Vergleich der Fälle 7, 8, 9. Drehzahl 1800 1/min, 25 % Last, Raildruck 600 bar [21]

Lediglich eine Abnahme des Geräuschs konnte beobachtet werden. Mit zunehmender Zahl an Einspritzungen sank der Geräuschwert.
Als Begründung hierfür führt [21] die gleichen Effekte wie bei einer Voreinspritzung an. Durch jede zusätzliche Einspritzung vermindert sich die Kraftstoffmenge pro Einspritzvorgang und außerdem sinkt der für hohe Druckgradienten verantwortliche Vormischanteil der nachfolgenden Verbrennung.
Der Brennstoffverbrauch sinkt mit zunehmendem Abstand der einzelnen Einspritzungen. Dies führt er auf die zeitliche Zunahme der notwendigen Wärmezufuhr zurück.
Bei Vergleichen der Fälle 2 bis 6 mit dem Basisfall 1 konnte [21] ebenfalls keine Verminderung des Schadstoffausstoßes messen. Die NO_x- und Russwerte sind konstant oder schlechter als bei der Einzeleinspritzung (Abb. 5.2.16).

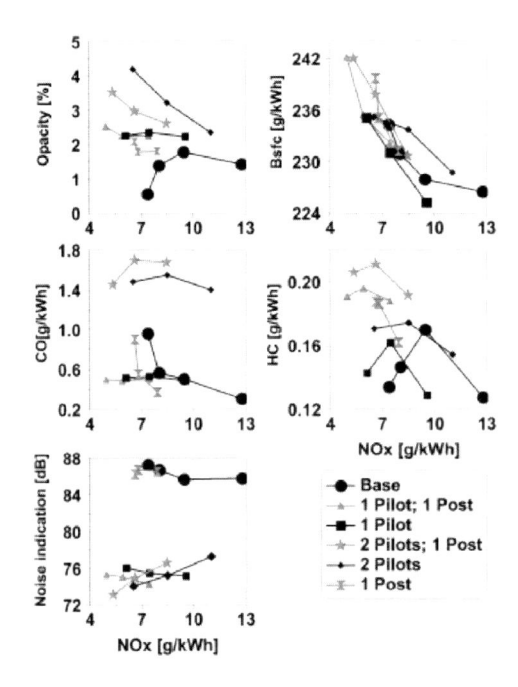

Abb. (5.2.16): Vergleich der Fälle 1 - 6. Drehzahl 1180 1/min, 25 % Last, Raildruck 600 bar [21]

Einzig die Geräuschemission konnte gesenkt werden. Als Gründe hierfür nennt [21] die Selben wie schon für Fall 7 - 9 beschrieben.

In Abb. (5.2.17) sind nochmals die Untersuchungsergebnisse der Fälle 8 und 9 mit unterschiedlichen Einspritzdrücken aufgetragen.

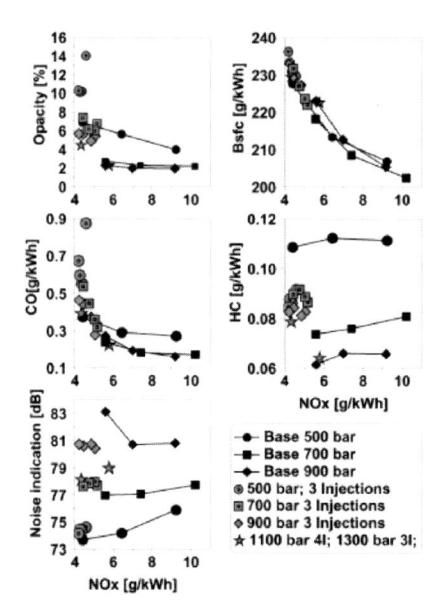

Abb. (5.2.17): Vergleich Fall 8 und 9 mit Einzeleinspritzung und unterschiedlichen Einspritzdrücken [21]

Wie schon bei [52] wird festgestellt, dass für die Stickoxid - Ruß Reduktion durch Mehrfacheinspritzung die optimale Parameterwahl für den entsprechenden Betriebspunkt eine entscheidende Rolle spielt. Es kann ebenfalls eine gewisses, geringes, Potenzial zur Schadstoffverminderung von [21] erkannt werden, allerdings ist dies nach seiner Einschätzung nur durch einen höheren Einspritzdruck im Vergleich zur Einzeleinspritzung zu erreichen.

5.3 Potential der Nacheinspritzung

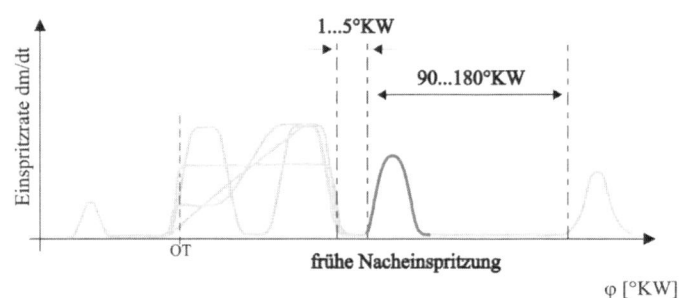

Abb. (5.3.1): Qualitativer Einspritzratenverlauf über °Kurbelwinkel der frühen Nacheinspritzung

Untersuchungen von [21] haben gezeigt, dass durch eine frühe Nacheinspritzung (Abb. 5.3.1) direkt am Anschluss an die Haupteinspritzung eine deutliche Absenkung der Russemissionen erreicht werden kann. Die Resultate sind in Abb. (5.3.2) zu sehen. Der Punkt A in Abb. (5.3.2) weist eine deutliche Russverminderung auf ohne den Brennstoffverbrauch zu erhöhen.

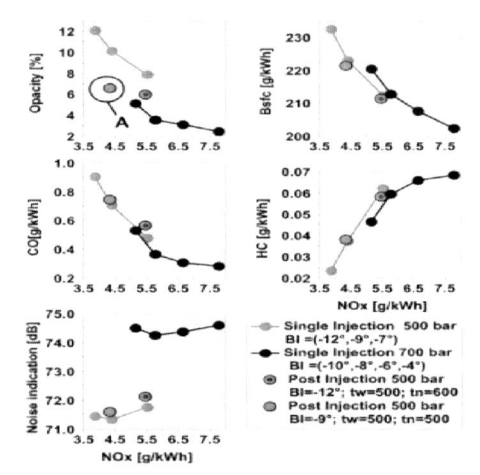

Abb. (5.3.2): Vergleich einer Haupteinspritzung mit einer Haupt- und Nacheinspritzung. Drehzahl 1460 l/min, Last 75 % [21]

Der Abstand zwischen Haupt- und Nacheinspritzung ist hierbei relativ unkritisch, [21] konnte bei Variation des Abstandes zwischen 500 und 800 µs keine Veränderungen der Messwerte erkennen. Als optimale Menge der Nacheinspritzung gibt [21] eine Einspritzzeit von 400 bis 600 µs an. Dies entspricht nicht der kleinsten Einspritzmenge, da auch Zeiten von 300 µs realisierbar waren. Als Erklärung der verminderten Russemission nennt [21] die Selben Gründe wie schon [52] bei seinen Vergleichen von Einzel- mit geteilten Haupteinspritzungen. Bei Unterbrechung der Kraftstoffzufuhr erfolgt ein Lufteintrag auch "von Hinten" in den Strahl und verbessert dadurch die Kraftstoffaufbereitung. Hierdurch erhöht sich die Wärmeumsetzungsrate (Abb. (5.3.3)). Dies führt zusammen mit einer höheren Wärmeumsetzung am Ende der Verbrennung zu einem besseren Russabbrand.

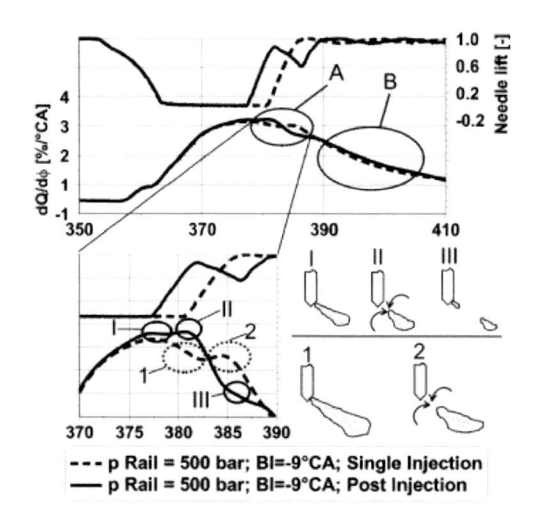

Abb. (5.3.3): *Wärmeentwicklung einer Einzel- und einer Nacheinspritzung bei gleichem Brennstoffverbrauch und NO_x Emission. Drehzahl 1460 1/min, 75 % Last, Raildruck 500 bar [21]*

Neben der oben beschriebenen "frühen" Nacheinspritzung kommt auch noch eine "späte" Nacheinspritzung zum Einsatz (Abb. (5.3.4)).

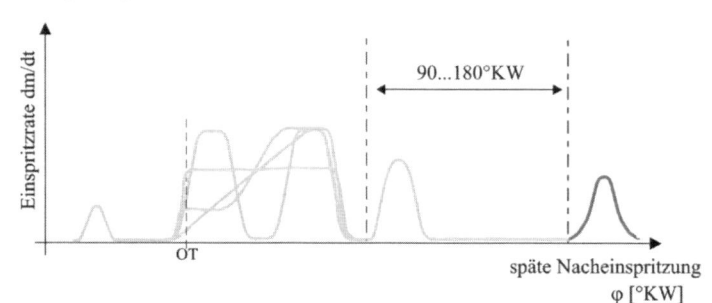

Abb. 5.3.4: *Qualitativer Einspritzratenverlauf über °Kurbelwinkel der späten Nacheinspritzung*

Diese steht aber in keinem Zusammenhang mit der innermotorischen Schadstoffreduzierung. Sie dient zum Abbrand von Partikeln eines nachgeschalteten Dieselrussfilters [4].

5.4 Potential der Einspritzverlausformung

Neben der oben beschriebenen Aufteilung der Einspritzung in mehrere, voneinander unabhängige, Vorgänge wird in jüngster Zeit versucht, den Schadstoffausstoß durch unterschiedliche Darstellung des Einspritzverlaufs zu minimieren. Neuste Ergebnisse haben gezeigt, dass die Einspritzverlaufsformung ein großes Potential besitzt.

Die Verlaufsformung kann auf zweierlei Arten erfolgen [30]:

- entweder durch die Steuerung des Nadelhubs
- oder durch Steuerung des Einspritzdrucks

Rampenförmiger Verlauf

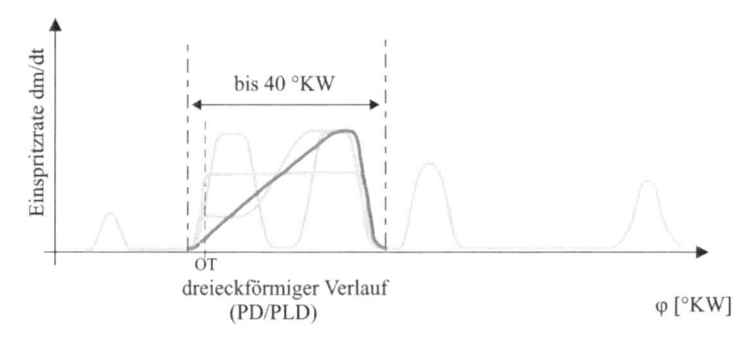

Abb. (5.4.1): Qualitativer Verlauf der Einspritzrate einer Ramp-Einspritzung

Unter einem rampenförmigen (oder dreieckförmigen) Verlauf (" Ramp ") versteht man eine Nadelhub- bzw. Drucksteuerung, die einer Rampe ähnelt (Abb. 5.4.1). Der Druck steigt (im Vergleich zu anderen Einspritzverläufen) langsam mit steigendem °Kurbelwinkel an. Er entspricht dem natürlichen, bauartbedingten Druckverlauf einer Pumpe-Düse Einspritzanlage. Diese baut ihren Druck über die Nockensteuerung mit zunehmendem Kurbelwinkel auf (Kap. 2.1).

Rechteckverlauf

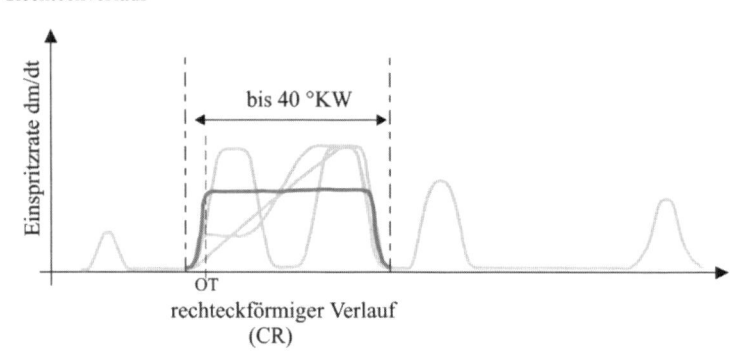

Abb. (5.4.2): Qualitativer Verlauf der Einspritzrate einer Rechteck-Einspritzung

Beim Rechteckverlauf ("Square") steigt der Druck beim Öffnen der Nadel schlagartig an, es steht sofort der volle Einspritzdruck zur Verfügung. Dies entspricht dem Verlauf, den eine Common Rail Einspritzanlage erzeugt, da bei ihr der Druck unabhängig von der Kurbelwellenstellung immer konstant bleibt und damit auch unmittelbar beim Öffnungsvorgang anliegt.

Bootförmiger Verlauf

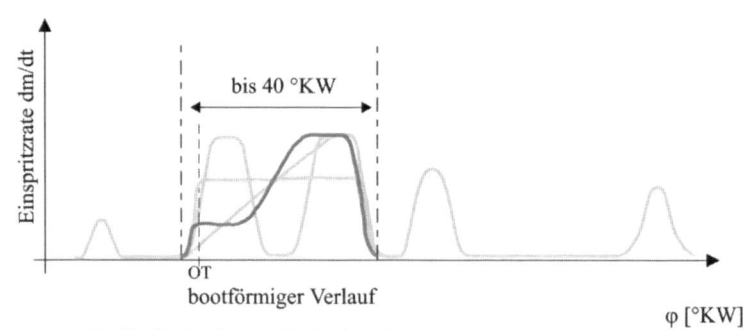

Abb. (5.4.3): Qualitativer Verlauf der Einspritzrate einer Boot-Einspritzung

Der bootförmige Verlauf hat seinen Namen der Ähnlichkeit mit einem Stiefelumriss (engl. Stiefel: Boot) zu verdanken. Der Druck erhöht sich nur bis zu einem bestimmten Teildruck, bleibt dann einige °Kurbelwinkel konstant, um dann weiter bis zum Maximalwert zu steigen (Abb. (5.4.3)).
Er kann durch Nadelhub- oder Drucksteuerung eines Common Rail Einspritzsystems dargestellt werden.

5. Innermotorische Schadstoffsenkung durch Mehrfacheinspritzung und Einspritzverlaufsformung

Vergleich der verschiedenen Einspritzverläufe miteinander

Beim Vergleich von verschiedenen Nadelhubverläufen konnte [30] keine Verbesserung der Schadstoffemissionen feststellen. Als Untersuchungsaggregat diente ihm ein 1 L Einzylindermotor mit Piezo Common Rail System. Verglichen wurden mehrere rampenförmige mit bootförmigen Verläufen. In Abb. (5.4.4) ist zu erkennen, dass die unterschiedlichen Nadelhubverläufe kaum Einfluss auf den NO_x-Ruß Trade-off haben [30].

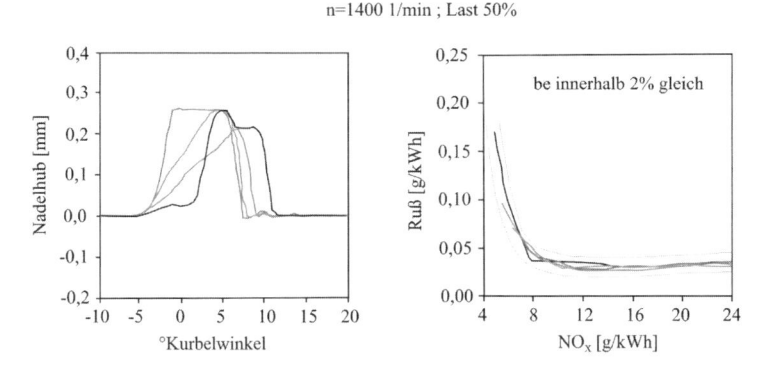

Abb. (5.4.4): Gefahrene Nadelhubverläufe und zugehöriger NO_x-Ruß Trade-off [30]

Nach [10] sind die Stickoxidemissionswerte eines 2 L Einzylinderaggregats mit Common Rail System und Nadelhubsteuerung wesentlich schlechter als beim selben Motor mit PLD System. Die Ursache hierfür ist in der bereits in Kapitel 3 beschriebenen besseren Gemischaufbereitung zu finden. Die bessere Gemischaufbereitung basiert auf dem bei Spritzbeginn höheren Druck des Common Rail Systems. Als Folge erhöht sich die Turbulenz und der Strahlaufbruch verbessert sich bei Einspritzbeginn. Hierdurch steht bei Brennbeginn mehr zündfähiges Gemisch zur Verfügung, in Folge dessen sich die Temperatur im Brennraum erhöht und aufgrund des Zeldovich-Mechanismus (Kapitel 4.3) die Stickoxidproduktion stark zunimmt [10].

Von [10] und [30] sind deshalb Untersuchungen über die Auswirkungen der verschiedenen oben erläuterten Einspritzverläufe auf die Schadstoffbildung mit Hilfe von Druckmodulationen durchgeführt worden.

Bei Untersuchungen einer Druckverlaufssteuerung mittels des APCRS (Amplified Pressure Common Rail System) von Bosch, mit dem eine Druckveränderung während des Einspritzvorgangs möglich ist, wurden von [10] und [30] deutliche Auswirkungen auf das Schadstoffverhalten beobachtet.

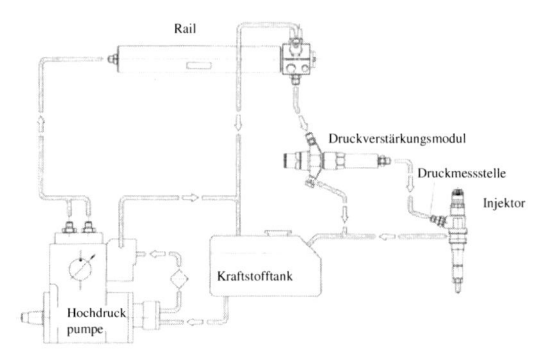

Abb. (5.4.5): Prinzipskizze des APCRS [10]

Das APCRS besteht im Wesentlichen aus einem Standard Common Rail System mit einer zusätzlichen Druckverstärkungseinheit. Der Standarddruck im Rail beträgt nur noch 300 bis 800 bar, kann aber jederzeit durch Zuschalten des Druckverstärkers auf bis zu 2000 bar erhöht werden [10]. Mit dem System sind sämtliche oben beschriebenen Druckverläufe darstellbar [30], [29], [10].

Bei Vergleichen von Ruß- und Stickoxidemissionen bei unterschiedlichen Einspritzstrategien konnte [30] feststellen, dass bei hoher Last eine druckgesteuerte, bootförmige Einspritzung den besten Kompromiss zwischen NO_x- und Rußentstehung darstellt.
In Abb. (5.4.6) ist der NO_x-Ruß Trade-off von einem gewöhnlichen, nadelhubgesteuerten CR System (CR) im Vergleich mit druckgesteuerten Rampen- und Booteinspritzverlauf bei Volllast und ohne Abgasrückführung dargestellt.

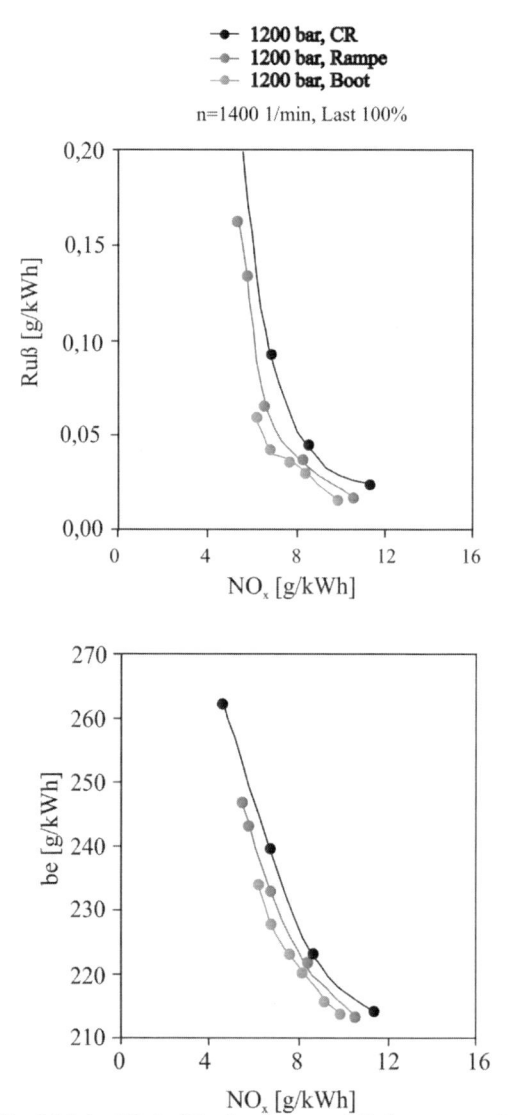

Abb. (5.4.6): Vergleich des NO_x-Ruß Trade-off eines nadelhubgesteuerten CR-Systems mit einem druckgesteuerten [30]

Untersuchungen im Teillast- und Niedriglastbereich haben keine Vorteile einer Booteinspritzung gegenüber einer rampen- oder rechteckförmigen Einspritzverlaufsform ergeben [30].

Von [10] wurden die grundlegenden Mechanismen untersucht, die zum unterschiedlichen Verbrennungs- und damit Schadstoffverhalten der verschiedenen Einspritzverläufe führen. Als Einspritzanlage diente das oben beschriebene APCRS an einem 2 L Einzylindermotor und für Strahlausbreitungsuntersuchungen eine Einspritzkammer.
In dieser wurde das Strahlverhalten von Rechteck, Rampe und Booteinspritzung untersucht.

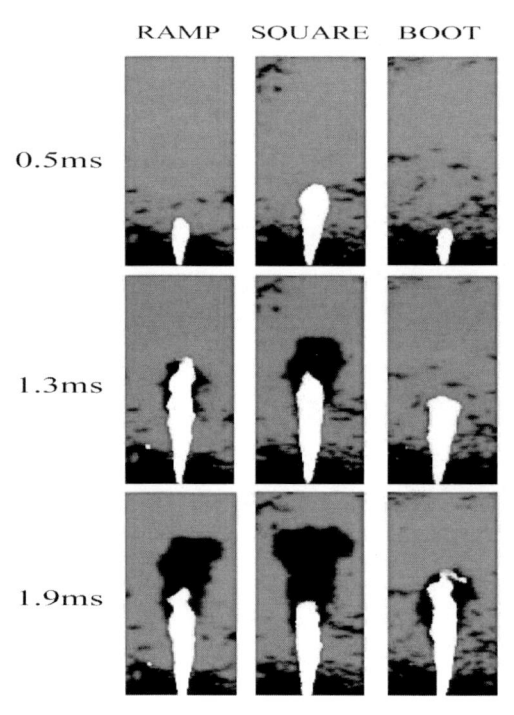

Abb. (5.4.7): Strahlausbreitung der Flüssig- und Gasphase bei Ramp, Square und Booteinspritzung. $T_{Kammer}= 870\ K$, $P_{Kammer}= 48\ bar$, $P_{Rail}= 300\ bar$ [10]

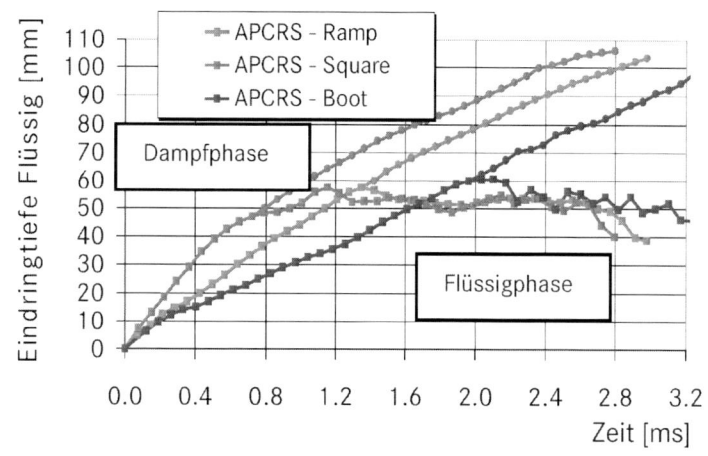

5. Innermotorische Schadstoffsenkung durch Mehrfacheinspritzung und Einspritzverlaufsformung

Abb. (5.4.8): Strahlausbreitung der verschiedenen Einspritzverläufe
$T_{Kammer}=870\ K$, $P_{Kammer}= 48\ bar$, $P_{Rail}= 300\ bar$ [10]

Bei der Square-Einspritzung ist die Eindringtiefe - wie in Abb. (5.4.8) zu sehen - in der frühen Phase des Einspritzvorgangs wesentlich höher als bei Ramp- und Booteinspritzung. Als Grund hierfür nennt [10] den schon anfänglich wesentlich höheren Strahlimpuls aufgrund des früher anliegenden hohen Einspritzdrucks. Die Ramp-Einspritzung erreicht nach relativ kurzer Zeit (1,3 ms) eine ähnliche Eindringtiefe wie die Square-Einspritzung, wohingegen bei einem bootförmigen Verlauf die Eindringgeschwindigkeit und damit die Tiefe doch wesentlich geringer sind. Die größere Eindringtiefe der Square-Einspritzung sorgt für eine bessere Zerstäubung und damit Gemischbildung in der frühen Einspritzphase, was wiederum für eine erhöhte Stickoxidbildung verantwortlich ist [10]. Unterschiede sind laut [10] ebenfalls in verschiedenen Strahlkegelwinkeln zu finden.

APCRS

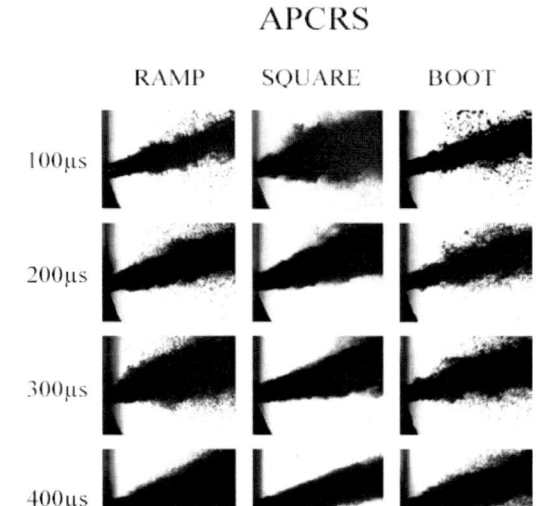

Abb.(5.4.9): Einspritzstrahlausbreitung im Düsennahbereich, P_{Rail}= 300 bar [10]

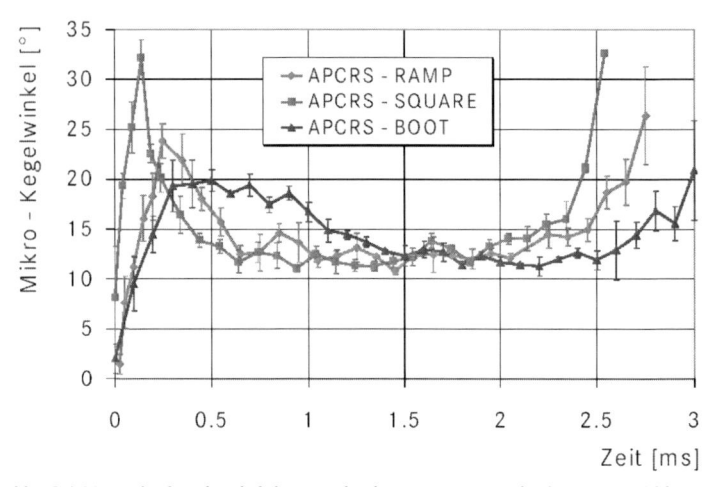

Abb. (5.4.10): Mikrokegelwinkel der verschiedenen Einspritzverläufe. T_{Kammer}=293 K, P_{Kammer}= 21,5 bar, P_{Rail}= 300 bar [10]

Der Strahlkegelwinkel der Square-Einspritzform hat den anfänglich größten Winkel aufgrund der stärksten Strömungsturbulenzen im Sackloch. Er nimmt aber rasch ab, da sich laut [10] aufgrund des raschen Anstiegs des Drucks schnell eine Strömungsstabilisierung einstellt. Die Booteinspritzung sorgt aufgrund ihres geringen Drucks für geringe Strömungsturbulenzen im Sackloch, durch den langsamen Druckanstieg bleibt der Kegelwinkel in den ersten 400 µs nahezu konstant.

Die Ramp-Einspritzung wiederum ähnelt der Square-Einspritzung, der Strahlwinkel steigt zuerst an und fällt dann ab. Dieser Effekt tritt lediglich etwas später auf.

Bei vollständiger Nadelöffnung sind die Kegelwinkel aller drei Verläufe konstant und gleich groß, erst beim Schließvorgang weitet er sich aufgrund der Nadelsitzdrosselung [10].

Mit Hilfe eines Transparentmotors, einem Versuchsaggregat mit optischem Zugang zur Untersuchung unterschiedlicher innermotorischer Phänomene bei realen Betriebsbedingungen, konnte [10] ein stark voneinander abweichendes Verbrennungsverhalten der verschiedenen Einspritzverläufe nachweisen. Hierzu fertigte er Aufnahmen der Russtemperaturverteilung im Brennraum an (Abb. (5.4.11)).

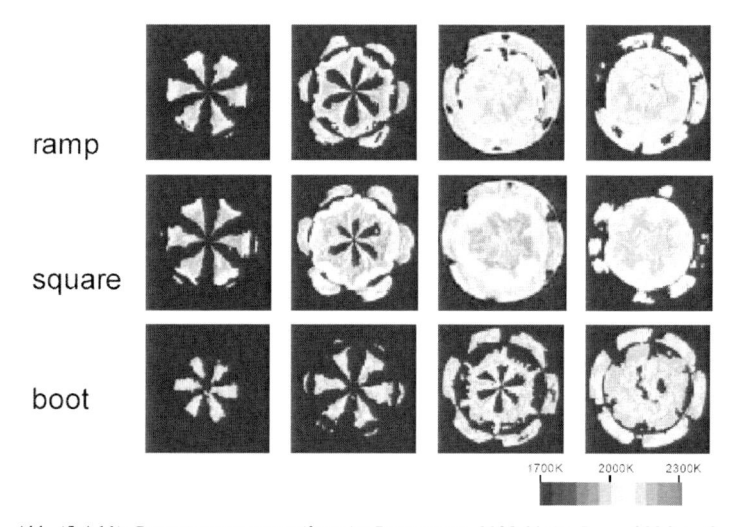

Abb. (5.4.11): Russtemperaturverteilung im Brennraum. 1130 1/min, P_{Rail}= 300 bar, 6-Lochdüse [10]

Es ist zu erkennen, dass die Russtemperatur über den gesamten Verbrennungsverlauf bei Square-Einspritzung wesentlich höher ist als bei Boot-Einspritzung. Die Temperatur der Ramp-Einspritzung liegt dazwischen. Die höheren Russtemperaturen und damit die höheren Verbrennungstemperaturen der Rechteckeinspritzung sind die Ursache für die stärkere Stickoxidbildung im Vergleich mit den anderen Verläufen. Die niedrigere Temperatur des bootförmigen Einspritzverlaufs unterdrückt einerseits die Stickoxidentstehung, andererseits wird aber der Russabbrand reduziert [10].

Diese Aussagen werden durch die Untersuchungsergebnisse in Abb. (5.4.12) [10] untermauert, in denen die prozentualen Flammflächenanteile mit einer Temperatur von über 2150 K über der Kurbelwellenstellung aufgetragen sind.

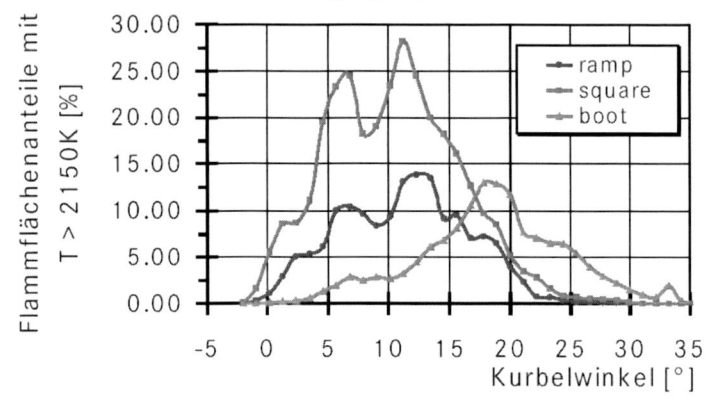

Abb. (5.4.12): Flammflächenanteile mit Russtemperatur größer als 2150 K. 50 % Last, 1130 1/min, P_{Rail}= 300 bar, 6-Lochdüse [10]

Diese Bereiche sind aufgrund der thermischen Abhängigkeit der Stickoxidentstehung die entscheidende Ursache für den erhöhten NO_x-Ausstoß bei rechteckförmigen Einspritzverläufen. Die Boot-Einspritzung ist zwar aufgrund der tieferen Temperaturen für einen geringeren Stickoxidausstoß verantwortlich, hat aber gerade deshalb auch eine schlechtere Russnachverbrennung [10]. Dies führt zu einem wesentlich höheren Russausstoß im Vergleich zu Ramp- und Square Einspritzverlaufsformen (Abb. (5.4.13)).

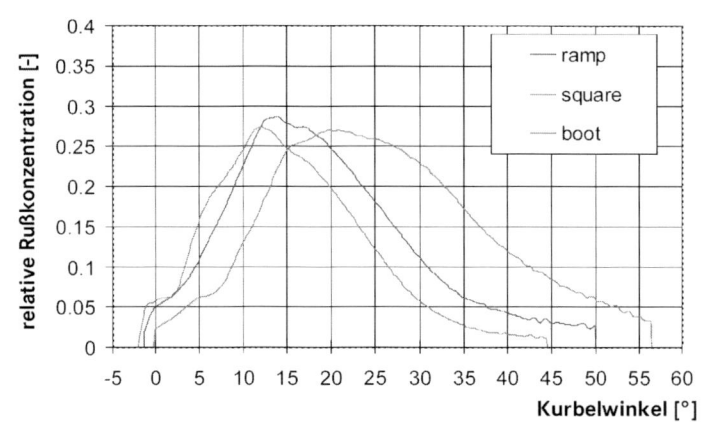

Abb. (5.4.13): Verläufe der relativen Russkonzentration von Ramp, Square und Booteinspritzung. 50 % Last, 1130 1/min, P_{Rail}= 300 bar, 6-Lochdüse [10]

Insbesondere die Aussage, dass eine Boot-Einspritzung mit einem erhöhten Rußausstoß einhergeht, kann von [34] nach Untersuchungen an einem 0,5 L Einzylindermotor nicht bestätigt werden. Laut [34] konnte mit einem selbstentwickelten Cr-System, dass in der Lage ist, unterschiedliche Druckverläufe darzustellen, eine NO_x-Reduktion bei konstantem Russausstoß erzielt werden. Hierbei erwies sich wie schon bei [10] und [30] ein bootförmiger Verlauf als Optimum.

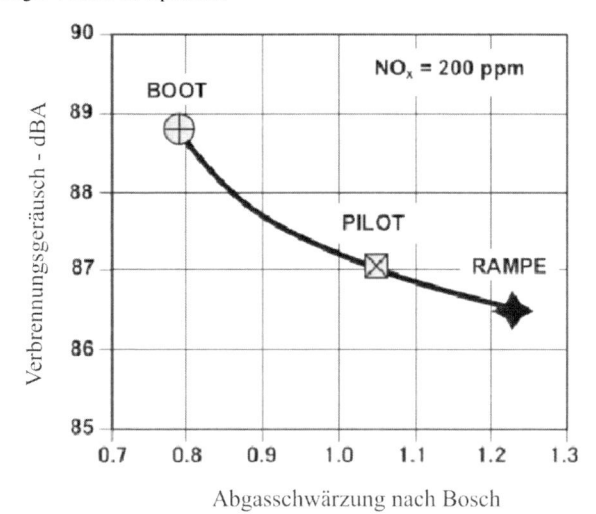

Abb. (5.4.12): Verbrennungsgeräusch in Abhängigkeit vom Rußausstoß bei konstant gehaltener NO_x-Produktion für unterschiedliche, optimierte Einspritzverlaufsformen [34]

Zugrunde legt [34] der Abb. (5.4.12) einen konstanten Stickoxidausstoß. Durch Variation des Einspritzverlaufs konnte er feststellen, dass eine Ramp-Einspritzung die höchste Abgasschwärzung hervorruft. Durch die in Kapitel 5.1 beschriebene Piloteinspritzung kann eine geringfügige Absenkung der Russemission erreicht werden. Die größte Russminderung erfolgt jedoch durch eine Booteinspritzung, dabei erhöht sich das Verbrennungsgeräusch, was seinerseits durch eine Voreinspritzung reduziert werden kann [34].

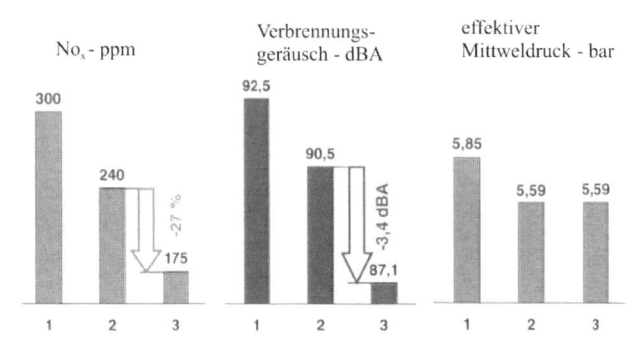

5. Innermotorische Schadstoffsenkung durch Mehrfacheinspritzung und Einspritzverlaufsformung

[Balkendiagramm mit drei Gruppen:

NOₓ - ppm: 1: 300, 2: 240, 3: 175 (-27 %)

Verbrennungsgeräusch - dBA: 1: 92,5, 2: 90,5, 3: 87,1 (-3,4 dBA)

effektiver Mittweldruck - bar: 1: 5,85, 2: 5,59, 3: 5,59]

1: Serien-Common-Rail ohne Pilot

2: Serien-Common-Rail mit Pilot

3: Druckmoduliertes Common-Rail mit Pilot und gestufter Haupteinspritzung

Abb. (5.4.13): Erreichte Schadstoffreduzierung durch Einspritzverlaufsformung und Piloteinspritzung bei konstantem Kraftstoffverbrauch und Abgasschwärzung [34]

Als beste Kombination zur Schadstoffreduktion gibt [34] einen druckmodulierten Einspritzverlauf in Bootform mit vorgelagerter Piloteinspritzung an (Abb. (5.4.13)).

6. Zusammenfassung

Die vorliegende Literaturrecherche befasst sich mit dem derzeitigen Wissensstand der Technik bezüglich Gemischbildung, Verbrennung und Schadstoffentstehung beim Dieselmotor. Insbesondere wird auf die innermotorische Beeinflussung der Stickoxid- und Russentstehung bei Aggregaten mit Common Rail Einspritzung eingegangen.
Im ersten Kapitel werden die grundlegenden, konstruktiven Unterschiede von Pumpe Düse (bzw. Pumpe Leitung Düse) und Common Rail Einspritzanlagen erläutert. Bei der Pumpe Düse Einheit erhöht sich der Einspritzdruck kontinuierlich während des Einspritzvorgangs, bei der Common Rail Anlage hingegen liegt aufgrund des Speichers dauerhaft der Maximaldruck an. Es wird weiterhin auf die Vor- und Nachteile der Sacklochdüse im Vergleich zur Sitzlochdüse eingegangen. Vorteil ist das gleichmäßigere Spritzbild, Nachteil ein Ausdampfen von Kraftstoff aus dem Sackloch nachdem die Düsennadel schon geschlossen ist. Dadurch ergibt sich ein geringfügig erhöhter HC Ausstoß.
Beim Vergleich von Pumpe Düse bzw. Pumpe Leitung Düse Anlagen mit Common Rail Anlagen wurde bei Common Rail Systemen eine erhöhte Stickoxidemission nachgewiesen. Dieses Verhalten ist nach neusten Erkenntnissen auf den Einfluss von im Injektor der Common Rail Anlage auftretenden Kavitation zurückzuführen. Diese beeinflusst maßgeblich den Strahlaufbruch, wobei es immer noch nicht sicher geklärt ist, ob dies nur auf eine Turbulenzerhöhung oder auch auf die Implosion von entstandenen Kavitationsblasen im Freistrahl zurückgeführt werden kann. Es werden hierzu mehrere Untersuchungsergebnisse gegenübergestellt, die mit realen Geometrieabmessungen als auch mit vergrößerten Düsenkuppen und unter entsprechend angepassten Umgebungsbedingungen durchgeführt worden sind. Die neusten Forschungsberichte scheinen die Theorie zu belegen, dass die Kavitation nur durch die Turbulenzerhöhung einen verbesserten Strahlaufbruch und damit eine bessere Kraftstoffaufbereitung, die zum erhöhten Stickoxidausstoß führt, verursacht. Eine Blasenimplosion im Freistrahl scheint keinen Einfluss zu haben.
Danach erfolgt eine Erläuterung der im Strahl ablaufenden Zerfallsmechanismen, die zur Kraftstoffdurchmischung im Brennraum führen. Man teilt den Strahlzerfall in Primär- und Sekundärzerfall ein, wobei der primäre Strahlzerfall den Zerfallsbeginn aufgrund des Lufteintrags in den Strahlrändern bezeichnet. Er ist im Gegensatz zum Sekundärzerfall von der Düseninnenströmung abhängig.
Anschließend werden die verschiedenen Forschungsergebnisse bezüglich Tropfenverhalten und Tropfengeschwindigkeit erläutert. Im Strahlkern kurz nach der Strahlspitze befinden sich die Tropfen mit der größten Geschwindigkeit, welche auch den größten Durchmesser besitzen. Durch einen höheren Kompressionsdruck steigt die Dichte im Brennraum und die Tropfen verdampfen schneller. Mit steigendem Raildruck steigt die mittlere Tröpfchengeschwindigkeit, der mittlere Tropfendurchmesser sinkt. Dadurch wird eine bessere Gemischaufbereitung unterstützt. Über den Einfluss des Raildrucks auf den Mikro- und Makrokegelwinkel gibt es unterschiedliche Untersuchungsergebnisse. Ob und wie stark sich der Kegelwinkel verändert ist nicht eindeutig geklärt. [67] und [36] konnten keine Veränderung des Makrokegelwinkels erkennen, [36] stellte aber bei den meisten von ihm untersuchten Düsen einen mit steigendem Raildruck kleiner werdenden Winkel fest. [35] hat bei Untersuchungen des Kegelwinkels in Abhängigkeit des Einspritzdrucks einen steigenden Winkel bis 60 MPa bei verrundeten Düsen festgestellt, wohingegen er bei scharfkantigen Düsen ohne Verrundung eine Abnahme erkennen konnte. Hier wird deutlich, dass es noch keine allgemein anerkannte Aussage über den Einfluss des Raildrucks auf den Strahlkegelwinkel gibt.

Einigkeit hingegen herrscht bezüglich des Einflusses des Raildrucks auf die Eindringtiefe. Diese ist bei der Flüssigphase aufgrund der höheren Verdampfungsrate bei höherer Eintrittsgeschwindigkeit konstant, d. h. durch einen höheren Druck wird lediglich die maximale Eindringtiefe der Flüssigkeit schneller erreicht. Die Eindringtiefe der Gasphase hingegen nimmt mit steigendem Raildruck kontinuierlich zu.

Im anschließenden Kapitel werden die aktuellen Erkenntnisse des Zündvorgangs und der Schadstoffentstehung beleuchtet. Es wird auf die Ursachen des chemischen und des physikalischen Zündverzugs eingegangen. Der chemische Zündverzug beruht auf chemischen Prozessen, die notwendig sind, um das Luft/Kraftstoffgemisch zu entflammen. Für den physikalischen Zündverzug sind die Vorgänge der Kraftstoffaufbereitung wie Zerstäubung, Verdampfung und Mischung mit der Luft im Brennraum zu einem zündfähigen Gemisch verantwortlich. Ein langer Zündverzug hat eine hohe Stickoxidemission aufgrund der langen Durchmischungszeit zur Folge, ein kurzer Zündverzug führt zu einem erhöhten Partikelausstoß.

Der Verbrennungsablauf nach der Zündverzugszeit wird allgemein in 3 Bereiche unterteilt: die Vormischverbrennung, die Hauptverbrennung und die Nachverbrennung. In der Phase der Vormischverbrennung zündet das vorgemischte, stöchiometrische Gemisch fast schlagartig und ist durch den hohen Druckanstiegsgradienten für die starke, dieseltypische Geräuschentstehung verantwortlich. Sie ist chemisch kontrolliert.

Die anschließende Hauptverbrennung läuft parallel zu Mischungsvorgängen ab, ihre Geschwindigkeit ist mischungskontrolliert. Hier wird die für die Stickoxidentstehung entscheidende höchste Verbrennungstemperatur erreicht.

Die reaktionskinetisch kontrollierte Nachverbrennung ist für den Abbrand des in einer früheren Phase gebildeten Rußes wichtig.

Anschließend werden die grundsätzlichen Entstehungsmechanismen von Partikeln und Stickoxiden erläutert, wie dem Zeldovich-Mechanismus, der für die Stickoxidemission verantwortlich ist. Die Geschwindigkeit der an der NO_x-Bildung beteiligten Reaktionen hängt sehr stark von der Temperatur ab und nimmt erst über 2000 K kritische Werte an. Die Russbildung hingegen tritt verstärkt bei Temperaturen zwischen 1500 k und 1900 K auf. Aus diesem Grund ist eine gleichzeitige Senkung beider Schadstoffe schwierig, da eine Temperatursenkung des Verbrennungsvorgangs zwar die NO_x Produktion hemmt, andererseits aber die Russentstehung begünstigt und umgekehrt.

Das anschließende Kapitel befasst sich ausschließlich mit den verschiedenen innermotorischen Maßnahmen zur Schadstoff- und Geräuschreduktion wie Vor- und Nacheinspritzung, geteilter Haupteinspritzung und der Einspritzverlaufsformung. Alle Forschungsergebnisse stimmen darin überein, dass mit einer Voreinspritzung eine Geräuschminderung aufgrund der geringeren Druckanstiegsgeschwindigkeit im Brennraum erreicht werden kann. Potential zur Schadstoffreduzierung durch eine Voreinspritzung kann nicht eindeutig nachgewiesen werden, je nach Voreinspritzmenge wird von einigen Autoren sogar eine Schadstoffzunahme beobachtet.

Bei der Bewertung der Aufteilung der Haupteinspritzung auf 2 oder 3 Einspritzvorgänge mit kurzen Pausen gehen die Ergebnisse der Forschungsberichte auseinander. Laut einigen Untersuchungen kann die NO_x-Ruß-Problematik durch eine geteilte Haupteinspritzung entschärft werden, andere Berichte können kein großes Potential erkennen. Durch die Aufteilung der Haupteinspritzmenge auf zwei gleiche Teilmengen bei konstanter Gesamteinspritzmenge konnte [52] die NO_x-Ruß Emissionen simultan senken. Durch Vergleich mit einer dreigeteilten Einspritzmenge wurden sogar noch günstigere Ergebnisse erzielt. [18] erzielte die besten Ergebnisse bei Aufteilung der Haupteinspritzmenge auf zwei ungleiche Teilmengen, nämlich 60 % zu 40 %. Im Gegensatz zu den vorher beschriebenen Untersuchungen konnte [21] kein großes Potential zur Schadstoffsenkung durch Mehrfacheinspritzung erkennen. Lediglich bezüglich der Geräuschreduktion wurden gute Werte erzielt. Wichtig ist laut allen Ergebnissen der optimale Spritzbeginn, da durch eine schon geringfügige Abweichung vom Optimum die Stickoxid- und Russemission dramatisch zunimmt.

Ebenfalls großes Potential zur Schadstoffsenkung erhofft man sich von der Einspritzverlaufsformung. Alle Berichte stimmen darin überein, dass eine druckgesteuerte Anpassung des Einspritzverlaufs die NO_x-Ruß-Problematik entschärfen kann. Von [30] wurde festgestellt, dass durch eine Nadelhubsteuerung keine signifikante Änderung der Schadstoffemissionen erreicht werden kann. Daher wurde auf eine Druckverlaufssteuerung ausgewichen. Als günstigste Verlaufsform hat sich insbesondere bei hohen Lasten der sog. bootförmige Einspritzverlauf herausgestellt. Hierbei steigt die Einspritzrate erst bis zu einem bestimmten Betrag an, bleibt kurz konstant, um dann erst ihren Maximalwert zu erreichen. Mit dieser Verlaufsform kann aufgrund der veränderten Strahlaufbereitung und damit eines anderen Verbrennungsablaufs die Stickoxid Ruß Problematik drastisch entschärft werden.

Literaturverzeichnis

[1] Challen, B., Baranescu, R.
Diesel Engine Reference Book - Second Edition
Butterworth-Heinemann, Oxford, 1999

[2] Mollenhauer, K.
Handbuch Dieselmotoren
Springer-Verlag, Berlin, 1997

[3] Brady, R. N.
Modern Diesel Technology
Prentice-Hall Inc., Englewood Cliffs, 1996

[4] Merker, G. P., Stiesch, G.
Technische Verbrennung, Motorische Verbrennung
Teubner Verlag, Stuttgart-Leipzig, 1999

[5] Merker, G. P., Kessen, U.
Technische Verbrennung, Verbrennungsmotoren
Teubner Verlag, Stuttgart-Leipzig, 1999

[6] Merker, G. P., Schwarz, C.
Technische Verbrennung, Simulation verbrennungsmotorischer Prozesse
Teubner Verlag, Stuttgart-Leipzig, 2001

[7] Fieweger, Klaus
Selbstzündung von Kohlenwasserstoff/Luft-Gemischen unter
motorischen Randbedingungen
Shaker Verlag, Aachen, 1996

[8] Badock, C.
Untersuchungen zum Einfluss der Kavitation auf den
primären Strahlzerfall bei der dieselmotorischen Einspritzung
Dissertation, Technische Universität Darmstadt, 1999

[9] Münch, K.-W., Köhler, W.
Einspritztechnik aus dem Baukastensystem für DEUTZ
Industrie- und NFZ-Motoren
Motorische Verbrennung-Aktuelle Probleme und moderne Lösungsansätze
Tagung im Haus der Technik, Essen, 2001, S.21-30

[10] Schwarz, V., König, G., Blessing, M., Busch, R.
Einfluss von Einspritzverlaufssteuerung und Form des Einspritzdruckverlaufs
auf Gemischbildung, Verbrennung und Schadstoffbildung bei
Heavy-Duty Dieselmotoren
Motorische Verbrennung-Aktuelle Probleme und moderne Lösungsansätze
Tagung im Haus der Technik, Essen, 2001, S. 31-39

[11] Köpferl, J., Mayinger, F., Ofner, B., Eisen, S., Leipertz, A., Fettes, C.
Potential einer flexiblen Einspritzverlaufsformung am Beispiel eines PKW-Dieselmotors
Motorische Verbrennung-Aktuelle Probleme und moderne Lösungsansätze
Tagung im Haus der Technik, Essen, 2001, S. 57-66

[12] König, G., Keller, F., Wagner, E., Hildenbrand, F., Schulz, C., Boltz, J., Brüggemann, D.
Untersuchung der NO- und Rußkonzentrationsverteilung in einem modernen Nutzfahrzeug-Dieselmotor mittels Laser-spektroskopischer Methoden
Motorische Verbrennung-Aktuelle Probleme und moderne Lösungsansätze
Tagung im Haus der Technik, Essen, 2001, S. 213-222

[13] Zeh, D., Brüggemann, D.
Untersuchung der dieselmotorischen Gemischbildung mittels einer 1D und 2D Raman-/Mie-Streulichtmesstechnik
Motorische Verbrennung-Aktuelle Probleme und moderne Lösungsansätze
Tagung im Haus der Technik, Essen, 2001, S. 223-236

[14] Fettes, C., Leipertz, A.
Analyse der Kraftstoffausbreitung bei der dieselmotorischen Verbrennung an PKw- und Nfz.-CR-Einspritzsystemen mittels optischer Messmethoden
Motorische Verbrennung - Aktuelle Probleme und moderne Lösungsansätze
Tagung im Haus der Technik, Essen, 2001, S. 237-248

[15] Boltz, J., Brüggemann, D.
Bestimmung der ortsaufgelösten Rußkonzentrationim Brennraum eines DI-Dieselmotors mittels Laser Induzierten Inkadeszenz
Motorische Verbrennung - Aktuelle Probleme und moderne Lösungsansätze
Tagung im Haus der Technik, Essen, 2001, S. 265-275

[16] Heimgärtner, C., Schraml, S., Leipertz, A.
Analyse von Rußbildung und -abbrand unter dieselmotorischen Bedingungen mittels laserinduzierter Glühtechnik
Motorische Verbrennung-Aktuelle Probleme und moderne Lösungsansätze
Tagung im Haus der Technik, Essen, 2001, S. 277-289

[17] Dorenkamp, R., Stehr, H.
Potenzial der Hochdruckeinspritzung
Motortechnische Zeitschrift Nr. 61, 2001, S. 50-54

[18] Herrmann, H.-O., Netterscheid, M., Krüger, M.
Anforderungen an das Einspritzsystem für einen kleinen direkteinspritzenden Pkw Dieselmotor
Tagung im Haus der Technik, München, 2000

[19] Leipertz, A., Blumenröder, K., Schünemann, E., Peter, F., Potz, D.
Wandeinflüsse auf Gemischbildung und Verbrennung bei kleinvolumigen DI-Dieselmotoren
Motortechnische Zeitschrift Nr. 60, 1999, S. 314-319

[20] Andres, O., Stockinger, M.
Applikation eines Common-Rail Einspritzsystems an den Sechszylinder Reihenmotor der Baureihe D28 von MAN
Motorische Verbrennung
Tagung im Haus der Technik, Essen, 1999, S. 31-44

[21] Boulouchos, K., Stelber, H., Schubiger, R., Eberle, M., Lutz, T.
Optimierung von Arbeits- und Brennverfahren für größere Dieselmotoren mit Common-Rail-Einspritzung
Motortechnische Zeitschrift Nr. 61, 2000, S. 336-345

[22] Chmela, F. G., Jager, P., Herzog, P., Wirbeleit, F.
Emissionsverbesserung an Dieselmotoren mit Direkteinspritzung mittels Einspritzverlaufsformung
Motortechnische Zeitschrift Nr. 60, 1999, S. 552-558

[23] Öing, H., Koyanagi, K., Maly, R. R., Renner, G.
Einfluss von Einspritzverlauf und Düsenauslegung auf das Brennverhalten bei PKW Common-Rail-Einspritzung
Tagung im Haus der Technik, Essen, 1999, S. 185-194

[24] Dorenkamp, R., Abele, W., Müller, J., Nee, L., Hunkert, S.
Mit Hochdruck in die Zukunft
Kraftfahrwesen und Verbrennungsmotoren, 4. Internationales Stuttgarter Symposium, 2001, S. 1-18

[25] Naber, D.
Anpassung eines Motorkonzepts an unterschiedliche Fahrzeuge, Emissionsbestimmungen und Einsatzgebiete am Beispiel des Mercedes-Benz 2,7 l CDI-Motors
Kraftfahrwesen und Verbrennungsmotoren, 4. Internationales Stuttgarter Symposium, 2001, S. 19-35

[26] Leipertz, A., Fettes, C., Schmid, M.
Analyse von Parametervariationen an einem Pkw-Common-Rail-Motor mittels simultaner Visualisierung von Einspritzung, Verdampfung und Verbrennung
5. Internationales Symposium für Verbrennungsdiagnostik, Baden-Baden, 2002, S. 48-60

[27] Harndorf, H., Bittlinger, G., Kunzi, U., Drewes, V.
Analyse düsenseitiger Maßnahmen zur Beeinflussung von Gemischbildung und Verbrennung heutiger und zukünftiger Diesel-Brennverfahren
5. Internationales Symposium für Verbrennungsdiagnostik, Baden-Baden, 2002, S. 60-74

[28] Hentschel, W., Block, B., Ohmstede, G., Oppermann, W., Henning, H.
Einsatz moderner optischer Messverfahren zur Untersuchung der Strömung, Einspritzung, Gemischverteilung und Selbstzündung bei früher Voreinspritzung in einem CR-Dieselmotor
5. Internationales Symposium für Verbrennungsdiagnostik,
Baden-Baden, 2002, S. 74-90

[29] König, G., Blessing, M., Krüger, C., Michels, U., Schwarz, V.
Analyse von Strömungs- und Kavitationsvorgängen in Dieseleinspritzdüsen und deren Wirkung auf die Strahlausbreitung und Gemischbildung
5. Internationales Symposium für Verbrennungsdiagnostik,
Baden-Baden, 2002, S. 118-136

[30] Kropp, M., Magel, H.-C., Mahr, B., Otterbach, W.
Ein druckübersetztes Common-Rail-System mit flexibler Einspritzverlaufsformung
Haus der Technik Fachbuch, Expert Verlag, Renningen, 2001, S. 28-45

[31] Netterscheid, M., Herrmann, H.-O., Düsterhöft, M., Krüger, M.
Das Potential von Piezo-gesteuerten Common-Rail-Einspritzsystemen
Ein druckübersetztes Common-Rail-System mit flexibler Einspritzverlaufsformung
Haus der Technik Fachbuch, Expert Verlag, Renningen, 2001, S. 46-60

[32] Uhl, M., Dreizler, A., Wirth, R., Maas, U.
Laseroptische Gemischbildungs- und Verbrennungsuntersuchungen am Einzylinder Diesel Transparentmotor mit Vierventiltechnik und Direkteinspritzung
Ein druckübersetztes Common-Rail-System mit flexibler Einspritzverlaufsformung
Haus der Technik Fachbuch, Expert Verlag, Renningen, 2001, S. 77-94

[33] Egermann, J., Leipertz, A.
Lokales Luft-Kraftstoff-Verhältnis während des Verdampfungsprozesses eines Einspritzstrahls unter dieselmotorischen Bedingungen
Motortechnische Zeitschrift Nr. 10, 2001, S. 846-854

[34] Kammerdiener, T., Bürgler, L.
Ein Common-Rail-Konzept mit druckmodulierter Einspritzung
Motortechnische Zeitschrift Nr. 61, 2000, S. 230-238

[35] Schugger, C., Renz, U.
Einfluss der Düsengeometrie und der Druckrandbedingungen auf den primären Strahlaufbruch bei der Diesel-Direkteinspritzung
Spray 2001, Techniken der Fluidzerstäubung und Untersuchungen von Sprühvorgängen, Technische Universität Hamburg-Harburg, 2001

[36] Heimgärtner, C., Leipertz, A.
Investigation of Primary Diesel Spray Breakup Close to the Nozzle of a Common Rail High Pressure Injection System
Eighth International Conference on Liquid Atomization and Spray Systems, Pasadena, CA, USA, 2000

[37] Mohr, M., Jäger, L. W., Boulouchos, K.
Einfluss von Motorparametern auf die Partikelemission
Motortechnische Zeitschrift Nr. 62, 2001, S. 686-692

[38] Bauer, W., Binder, W., Blumenröder, K., Weber, B.
Hydraulische Einflüsse auf die Gemischbildung bei mit PLD- und CR-Einspritzsystemen betriebenen Nfz-Motoren
Tagung im Haus der Technik, Essen, 1999, S. 13-28

[39] Binder, K., Schwarz, V.
Common Rail und Pumpe-Leitung-Düse, ein Vergleich moderner Einspritzsysteme
Tagung im Haus der Technik, Essen, 1999, S. 3-11

[40] Krieger, Klaus
Diesel-Einspritztechnik für PKW-Motoren
Überblick über Verfahren und Ergebnisse
Motortechnische Zeitschrift Nr. 60, 1999, S. 308-313

[41] Prescher, K., Astachow, A., Krüger, G., Hintze, K.
Effect of Nozzle Geometry on Spray Breakup and Atomization in Diesel-Engines-Experimental Investigations using Model Nozzles and real Injection Nozzles
CIMAC International Council on Combustion Engines Congress, Copenhagen, 1998

[42] Prescher, K., Bauer, W., Fränkle, G., Krämer, M., Wirbeleit, F.
Einspritzverlaufsformung durch mehrfach unterbrochene Einspritzung mit Hilfe eines Common-Rail-Einspritzsystems
CA Conference Paper, 16. Internationales Wiener Motoren-Symposium, 1995

[43] Schwarz, V., König, G., Blessing, M., Krüger, C., Michels, U.
Einfluss von Strömungs- und Kavitationsvorgängen in Dieseleinspritzdüsen auf Strahlausbreitung, Gemischbildung, Verbrennung und Schadstoffbildung bei HD-Dieselmotoren
Berichte zur Energie und Verfahrenstechnik, Tagung Haus der Technik, Motorische Verbrennung, ESYTEC Energie- und Systemtechnik, Erlangen, 2003, S. 41-53

[44] Leipertz, A., Schmid, M., Fettes, C.
Analyse von Parametervariationen an einem Pkw-Common-Rail-Motor mittel simultaner Visualisierung von Einspritzung, Verdampfung und Verbrennung
Berichte zur Energie und Verfahrenstechnik, Tagung Haus der Technik, Motorische Verbrennung, ESYTEC Energie- und Systemtechnik, Erlangen, 2003, S. 131-143

[45] Corcione, F. E., Vaglieco, B. M., Corcione, G. E., Vitale, G., Carpentieri, F.
Multiple Injection Strategies for Low Emissions of a New Small Common Rail D.I. Diesel Engine
Berichte zur Energie und Verfahrenstechnik, Tagung Haus der Technik, Motorische Verbrennung, ESYTEC Energie- und Systemtechnik, Erlangen, 2003, S. 143-157

[46] Pischinger, S., Sliwinski, B., Schnitzler, J., Krüger, M., Scholz, V.
Untersuchungen zu innermotorischer Bildung und Abbrand von Ruß im unterstöchiometrischen Betrieb an einem modernen CR-Dieselmotor
Berichte zur Energie und Verfahrenstechnik, Tagung Haus der Technik, Motorische Verbrennung, ESYTEC Energie- und Systemtechnik, Erlangen, 2003, S. 465-477

[47] Yuyin Zhang, Tomoaki Ito, Keiya Nishida
Characterization of Mixture Formation in Split-Injection Diesel Sprays via Laser Absorption-Scattering (LAS) Techniques
Society of Automotive Engineering, SAE Paper, Nr. 3498, 2001

[48] Gargiso, T. A.
Konzeption, Adaption und Inbetriebnahme einer Dieselhochdruckversorgung zur experimentellen, druckmodulierten Common-Rail-Einspritzung
Studienarbeit, Institut für Technische Verbrennung, Universität Hannover, 2003

[49] Ohnesorge, W. v.
Die Bildung von Tropfen an Düsen und die Auflösung
flüssiger Strahlen
Z. angewandte Math. Mech., Nr. 16, 1936,S. 355-358

[50] Roth, H., Gavaises, M., Arcoumanis, C.
Cavitation Initiation, Its Development and Link with Flow Turbulence in Diesel Injector Nozzles
Society of Automotive Engineering, SAE Paper, Nr. 0214, 2002

[51] Bergwerk, W.
Flow Pattern in Diesel Nozzle Spray Holes
Proc. Instn. Mech. Engineers, Nr. 173, 1959, S. 655-660

[52] Bakenhus, M., Reitz, R. D.
Two-Color Combustion Visualization of Single and Split Injections in a Single-Cylinder Heavy-Duty D. I. Diesel Engine Using an Endoscope-Based Imaging System
Society of Automotive Engineering, SAE Paper, Nr. 1112, 1999

[53] Arcoumanis, C., Flora, H., Gavaises, M., Kampanis, N., Horrocks, R.
Investigation of Cavitation in a Vertical Multi-Hole Injector
Society of Automotive Engineering, SAE Paper, Nr. 0524, 1999

[54] Sitkei, G.
Kraftstoffaufbereitung und Verbrennung bei Dieselmotoren
Springer Verlag, Berlin, 1964

[55] Pischinger, M.
Bestimmung des Verbrennungsluftverhältnisses von Einzelarbeitsspielen für Otto- und Dieselmotoren
Dissertation, Rheinisch-Westfälische Technische Hochschule Aachen, 1993

[56] Krieger, K.
Diesel-Einspritztechnik für Pkw-Dieselmotoren
Motortechnische Zeitschrift Nr. 60, 1999, S. 308-313

[57] Isay, W. H.
Kavitation
Hansa-Verlag, Hamburg, 1989

[58] Dietrich, W.
Die Gemischbildung bei Gas- und Dieselmotoren sowie ihr Einfluß auf die Schadstoffemissionen - Rückblick und Ausblick Teil 1
Motortechnische Zeitschrift Nr. 60, 1999, S. 28-38

[59] Dietrich, W.
Die Gemischbildung bei Gas- und Dieselmotoren sowie ihr Einfluß auf die Schadstoffemissionen - Rückblick und Ausblick Teil 2
Motortechnische Zeitschrift Nr. 60, 1999, S. 126-134

[60] Reitz, R. D., Braco, F. V.
Mechanism of Atomization of a Liquid Jet
Phys. Fluids, Nr. 25, 1982, S. 1730-1742

[61] Schubiger, R., Boulouchous, K., Eberle, M.
Rußbildung und Oxidation bei der dieselmotorischen Verbrennung
Motortechnische Zeitschrift Nr. 5, 2002, S. 342-352

[62] Young, F. R.
Cavitation
McGraw-Hill Book Company, UK, 1989

[63] Busch, R.
Untersuchung von Kavitationsphänomenen in Diesel-Einspritzdüsen
Dissertation, Universität Hannover, 2001

[64] Arcoumanis, C., Flora, H., Gavaises, M., Badami, M.
Cavitation in Real-Size Multi-Hole Diesel Injector Nozzles
Society of Automotive Engineering, SAE Paper, Nr. 1249, 2000

[65] Kasedorf, J., Woisetschläger, E.
Dieseleinspritztechnik
Vogel Verlag, Würzburg, 1997

[66] Corcione, F. E., Vaglieco, B. M., Corcione, G. E., Lavorgna, M.
Potential of Multiple Injection Strategy for Low Emission Diesel Engines
Society of Automotive Engineering, SAE Paper, Nr. 1150, 2002

[67] Ofner, B.
Potenzial neuartiger Einspritzverfahren zur Reduzierung von Ruß und NO_x bei der dieselmotorischen Verbrennung
Abschlußbericht des Forschungsvorhabens 177/96 der Bayerischen Forschungsstiftung, 2000

[68] Payri, F., Desantes, J. M., Arregle, J.
Characterization of D. I. Diesel Sprays in High Density Conditions
Society of Automotive Engineering, SAE Paper, Nr. 960774, 1996

[69] Ofner, B.
Strahlausbreitung und Vermischung mit der Brennraumluft
Dissertation, Lehrstuhl für Thermodynamik, 2000

[70] Pauer, T., Wirth, R., Brüggemann, D.
Zeitaufgelöste Analyse der Gemischbildung und Entflammung durch Kombination optischer Messtechniken an DI-Dieseleinspritzdüsen in einer Hochtemperatur- /Hochdruckkammer
4. Internationales Symposium für Verbrennungsdiagnostik,
Baden-Baden, 2000

[71] Friedl, C.
Wege aus dem Dieseldilemma: Der emissionsarme Dieselmotor ist machbar
VDI Nachrichten 1999 / II, S. 31, 1999

[72] Bundesministerium für Umwelt, Naturschutz und Reaktorsicherheit
Neue Maßstäbe für weniger Gesundheitsgefahr durch Dieselruß
Presseinformation Nr. 31/01, 2001

[73] Fettes, C.
Untersuchungen zur Common Rail Einspritzung für PKW-Dieselmotoren mittels kombinativer Applikation optischer Meßmethoden
Dissertation, Technische Universität Erlangen-Nürnberg, 2002

[74] Krome, Dirk
Charakterisierung der Tropfenkollektive von Hochdruckeinspritzsystemen für direkteinspritzende Dieselmotoren
Dissertation, Universität Hannover, 2003

Diplom.de

Wissensquellen gewinnbringend nutzen

Qualität, Praxisrelevanz und Aktualität zeichnen unsere Studien aus. Wir bieten Ihnen im Auftrag unserer Autorinnen und Autoren Wirtschaftsstudien und wissenschaftliche Abschlussarbeiten – Dissertationen, Diplomarbeiten, Magisterarbeiten, Staatsexamensarbeiten und Studienarbeiten zum Kauf. Sie wurden an deutschen Universitäten, Fachhochschulen, Akademien oder vergleichbaren Institutionen der Europäischen Union geschrieben. Der Notendurchschnitt liegt bei 1,5.

Wettbewerbsvorteile verschaffen – Vergleichen Sie den Preis unserer Studien mit den Honoraren externer Berater. Um dieses Wissen selbst zusammenzutragen, müssten Sie viel Zeit und Geld aufbringen.

http://www.diplom.de bietet Ihnen unser vollständiges Lieferprogramm mit mehreren tausend Studien im Internet. Neben dem Online-Katalog und der Online-Suchmaschine für Ihre Recherche steht Ihnen auch eine Online-Bestellfunktion zur Verfügung. Inhaltliche Zusammenfassungen und Inhaltsverzeichnisse zu jeder Studie sind im Internet einsehbar.

Individueller Service – Gerne senden wir Ihnen auch unseren Papierkatalog zu. Bitte fordern Sie Ihr individuelles Exemplar bei uns an. Für Fragen, Anregungen und individuelle Anfragen stehen wir Ihnen gerne zur Verfügung. Wir freuen uns auf eine gute Zusammenarbeit.

Ihr Team der Diplomarbeiten Agentur

Diplomica GmbH
Hermannstal 119k
22119 Hamburg

Fon: 040 / 655 99 20
Fax: 040 / 655 99 222

agentur@diplom.de
www.diplom.de